战场狙击手

直升机

主　编　王景堂　肖裕声

副主编　王　林　刘　波　寒　雪

编　著　一　剑　寒　雪

北方联合出版传媒（集团）股份有限公司

辽海出版社

图书在版编目（CIP）数据

战场狙击手——直升机 / 王景堂，肖裕声主编.—沈阳：
辽海出版社，2021.12
　ISBN 978-7-5451-6236-3

　Ⅰ.①战… 　Ⅱ.①王… ②肖… 　Ⅲ.①直升机－世界
－青少年读物 　Ⅳ.①V275-49

中国版本图书馆CIP数据核字(2021)第247508号

出　版　者：北方联合出版传媒（集团）股份有限公司
　　　　　　辽 海 出 版 社
　　　　　　（地址：沈阳市和平区十一纬路25号　邮编：110003）
印　刷　者：辽宁新华印务有限公司
发　行　者：北方联合出版传媒（集团）股份有限公司
　　　　　　辽 海 出 版 社
幅面尺寸：170mm×240mm
印　　张：13.25
字　　数：240千字
出版时间：2022年3月第1版
印刷时间：2022年3月第1次印刷
责任编辑：杨　川　栾天飞
特约编辑：王庆芳
封面设计：方加青
版式设计：方加青
责任校对：王守红

书　　号：ISBN 978-7-5451-6236-3
定　　价：78.00元

购书电话：024-23285299
市场营销部：024-23261806
网　　址：http://www.lhph.com.cn
版权所有，翻印必究
法律顾问：辽宁普凯律师事务所　王　伟
如有质量问题，请与印刷厂联系调换
印刷厂电话：024-31255233
盗版举报电话：024-23284481
盗版举报信箱：liaohaichubanshe@163.com

以文弘道，止戈为武

中华民族是一个热爱和平的民族，自古就有"和为贵"的传统，以"大同天下、和睦共处"为理想。中华民族又是一个尚武的民族，自古就有文治武功的愿景，以文弘道，止戈为武。说到底，"尚武"的目的还是为了"止戈"，即争取和平。

中国几千年的历史，就是和平与战争并存的历史。先人们为了民族的繁衍生息，被迫与入侵者争战疆场，秦修长城为固边，汉御匈奴为安居……和平来之不易，武备不稍松懈。

进入近代以来，中华民族屡遭磨难。西方列强凭借坚船利炮，破我国门，杀我同胞，掠我金银。百年屈辱，号天不灵，只缘自身不硬。在苦难中，多少仁人志士奋起抗争，前仆后继，青史留名。历史的拐点，始于中国共产党的诞生。它高举马列主义大旗，实践武装革命，推翻三座大山，建立中华人民共和国，开启了民族复兴的征程。如今，四十多年改革开放让我们的国家走向强盛。但世界仍不太平，霸权主义阴魂不散，恐怖袭击搅得世界不宁。我们的社会主义事业需要和平安宁的外部环境，然而和平并非唾手可得。我们主张通过谈判解决争端，但是，霸权主义、强权政治往往只考虑自身利益，而置世界和平于不顾。面对挑战，我们只有顽强抗争才能维护自己的主权和发展利益。毛主席曾提出"人不犯我，我不犯人；人若犯我，我必犯人"的自卫原则，这是中国人民对待战争的态度。

要赢得战争，就得有实力。实力从何而来？习近平主席曾指出：一个国家是否强大不能单就经济总量大小而定，一个民族是否强盛也不能单凭人口规模、领土幅员多寡而定。近代史上，我国落后挨打的根子之一就是科技落后。就是说，科技在某种程度上可以决定国家的实力。同时，习主席强调："重大科技创新成果是国之重器、国之利器，必须牢牢掌握在自己手上，必须依靠自力更生、自主创新。"他还说："科技兴则民族兴，科技强则国家强。""只有把核心技术掌握在自己手中，才能真正掌握竞争和发展的主动权，才能从根本上保障国家经济安全、国防安全和其他安全。"这就给我们指出了增强国家实力的良方。要发展科技，就必须增强全民的科技意识，而其中的关键是培养和造就科技人才。

鉴于此，辽海出版社邀请军事、科技专家组建"国防重器及战例集萃"丛书编委会，组织编写军事科普读物18种，从国防重器，如航母、潜艇、轰炸机，到重要的常规武备，如坦克、火炮、装甲战车等，作了通俗而详尽的介绍。应当指出，丛书主要介绍了国外装备，然而他山之石，可以为我攻玉。这套丛书可以成为青少年增强科技意识、发扬尚武精神的好读物，从而为国家培养军事科技人才打好科普基础。

青少年朋友们，你们是祖国的未来、民族的希望，也是建设和保卫中国特色社会主义事业的可靠力量。中国人民站起来了，富起来了，但真正强大起来还得靠你们。你们使命光荣，任重而道远。愿你们奋发振作，努力学习，敢于创新，勇攀科技高峰，使自己成为能文能武、能征善战的时代英雄。我们诚心地将这套军事科普丛书献给你们，聊作你们新长征路上的一点给养。

青少年朋友们，努力吧！

王景堂
2020年10月1日

　　直升机是一种集侦察、突击等多重任务于一体的复杂武器装备，第二次世界大战以来，特别是近年发生的几次局部战争中，直升机以其优秀的技术性能、灵活的战场适应能力以及精确的攻击方式，表现出鲜明的战场狙击手特色。

　　本书结合实例，将美国、苏联、英国、法国等国家几十种军用直升机的研制背景、独特性能、衍生型号及参战表现，用简要的文字和精美的图片，多角度展示出来，为读者提供涉及各类军用直升机的详尽资料。

　　现代战争，拼的是平台，打的是技术。直升机作为固定翼战机的重要补充和连接空地力量的纽带，不仅各军事强国大量装备，而且实力较弱、经济欠发达的国家也"趋之若鹜"。有资料显示，截至2019年底，全球军用直升机总量已达到20500架。可以说，现代直升机早已成为战场搏杀中不可或缺的一员。它的快速、悬停、不受地形条件限制的机动能力和超低空打击优势是任何其他武器都无法比拟的。据计算，直升机在30米以下的超低空，以每小时250千米的速度飞越120度视界范围的空间只需3—4秒，在短暂的时间里，对于地面防空武器来说，要连续完成发现、判断、瞄准、跟踪、发射，

难度极大。这种贴地隐蔽飞行并实施近距离突袭的能力，是任何武器都做不到的。可以说，它被誉为"空中狙击手"绝非浪得虚名。

未来战争，是陆、海、空、天（空间）、信息诸兵种密切协同一体的立体化战争。但是，受地域、速度、战争规模、兵力投送等诸多因素的影响，要做到上下一盘棋实在不易。而直升机正好解决了这些问题。它犹如一个扣环，将陆、海、空使用的各种武器紧紧联系在一起，构成了收得拢、打得开，相互协调、交叉配合的立体作战模式，为各作战单元性能扬长避短地发挥作用提供了可能。从某种意义上说，直升机是空地一体战的纽带。可以预见，未来的直升机不仅会装上先进的目标截获、标识系统及飞行员夜视系统，而且还会在激光告警、红外干扰等通信、电子战设备上下足功夫。因此，这种既避免敌方攻击和干扰，保证自身电子设备正常工作，又能给敌方设备以强有力的破坏，让对方各种雷达、通信等设备遭到来自近空独特"软杀伤"的能力，也将让直升机成为陆上人员装备的"天敌"。

有资料表明，一架美军的AH-64武装直升机可装载16枚反坦克导弹，若一次出动21架次，按战时命中率为80%计算，则可迅速击毁268辆坦克。从战斗效益上看，1—2个直升机连，即可以对付1个摩托化步兵师的进攻，其"战场狙击手"本色显露无疑。

本书除聚焦直升机"狙击"外，还涵盖了直升机的起源、著名直升机设计者、设计企业，如西科斯基、波音、贝尔、阿古斯塔、米尔公司等内容。全书印制精美，适合广大青少年军迷、直升机发烧友阅读。

Chap. 1

第一章
梦想从"蜻蜓"开始

Chap. 2

第二章
直升机怎么飞

Chap. 3

第三章
直升机的广泛应用

Chap. 4

第四章
直升机设计的标杆
人物

Chap. 5

第五章
二战中的直升机

Chap. 6

**第六章
现代局部战争中的
直升机**

Chap. 7

**第七章
火力全开：当今六
大武装攻击直升机**

Chap. 8

第八章
世界顶尖运输
直升机

Chap. 9

第九章
术业有专攻：带
你认识"另类"
直升机

第一章

梦想从『蜻蜓』开始

Chap.1

　　蜻蜓，作为昆虫类动物，可以说是飞行中的特殊存在，因为它，让人类产生联想和启示，人们开始幻想造出一种不需跑道，直接如蜻蜓般上下翻飞，优雅地爬升与俯冲的机器。改变来自法国，1907年，世界上第一架像蜻蜓一样的直升机研制成功。从此，人类圆了无须跑道，直上蓝天的梦想。

从"中国陀螺"到直升机

在1700多年前的东晋，我国出了个有名的医药专家、道教学者，名叫葛洪。此人因隐居罗浮山炼丹，成绩卓著，人送绰号"小仙翁"。葛洪不仅在医药上博闻深洽，江左绝伦，并且在化学专业上也精辟玄赜，析理入微，是当时很多女生心中的男神。更出人意料的是，这个在当时就曝光度极高的人，到了近代，居然被发现还是直升机的开山鼻祖。

1. 陀螺——从中国走向世界

这一切都源自他闲来无事给小朋友做的一种玩具——竹蜻蜓，这个外观像

➤ 竹蜻蜓

"T"形的"飞车"（当时所称）做成后迅速扩散，一时间成为全中国孩子爱不释手的宝贝。这个看似简单的竹制品，不仅让中国孩子陶醉了1700多年，而且还发扬光大，走出国门"飞"到了日本、欧洲。可惜到了外国人手里，竹蜻蜓再也不叫竹蜻蜓，而是成了日本人的"独乐"和欧洲人的"打老牛"（spinning top）。

到了法国大革命后期，随着欧洲工业革命的兴起，"打老牛"这种土得掉渣的称呼迅速引起人们的嘲笑。在此情况下，法国物理学家博科根据竹蜻蜓的"回转体"原理，将其定名为"陀螺"，后来，又因其来自中国，所以称为"中国陀螺"。只是他不知道，"陀螺"在中国另有其物，可谓天壤之别，毕竟一个在天上"飞"，一个在地上"转"，概念完全不同。

中国人一直大方，爱叫啥就叫啥吧，反正你们能分清楚就行。

当时间进入1893年，一个年仅4岁的乌克兰小男孩，突然对妈妈给他买回家的"中国陀螺"产生了浓厚的兴趣。但因双手曾被开水严重烫伤，自己又无法"搓"飞"陀螺"，所以，每次只能让妈妈和其他小朋友帮忙，这

➤ 蜻蜓玩具

让他很是无奈。随着年龄的增长，他发誓，一定要亲自做一件"中国陀螺"让它在自己手中飞起来。

1908年，已经19岁的男孩第一次有幸参加了飞行专家在巴黎进行的一场飞行表演，这让他更加兴奋。他告诉自己，一定要做出一件"会飞的机器"来。回国后，说干就干，第二年年初，他研制的"会飞机器"宣告完成。之后经过进一步改进完善，1939年9月14日，这个"会飞的机器"真的在空中悬停近10秒。而这个男孩正是后来闻名遐迩的飞行设计师伊戈尔·伊万诺维奇·西科斯基。

2.跨越——从陀螺到直升机

几乎与西科斯基制作出"会飞的机器"的同时，受"中国陀螺"启发的还有一个人，他的名字叫保罗·科努，是法国利济厄市的一名工程师。他从1906年开始，也投入到了直升机的设计制造当中。就在他埋头苦干的时候，得到消息：法国科学家布雷盖和李歇也研制出了一架直升机。这给了他极大震撼，他想，自己的直升机还没有真正地飞上蓝天，别人的飞机已研制出来。这让生性好强的科努心里很不是滋味。在他看来，发明创造一旦落在了别人的后面，就没有什么价值可言了。

好在1907年9月29日，布雷盖和李歇研制的直升机在法国杜埃市进行的试飞表演结果并不算成功。这架直升机要四个人站在四只巨大的机翼下用长竿撑着，否则，飞机会翻倒。所以，有些人并不承认这是世界上第一架直升机，因为这架飞机飞上天是在人的辅助下完成的。

听到这个消息，科努瞬间兴奋起来，他琢磨，真是皇天不负有心人啊！就此，他立即对自己设计的飞机进行重新改进。经过一年多时间的努力，他制造出了世界上第一架可以载人的直升机。该机不仅飞离地面0.3米，而且居然坚持了20秒时间。

此后20多年，人们对直升机的向往一直没有停歇。随着探索的不断深入，到1936年6月，德国设计师H.福克终于在西科斯基、科努和布雷盖等人设计的基础上，改进生产出编号为FW-61的直升机。该机完全吸收了之前各路直升机制造师的设计精华，不仅在滞空时间、飞行高度上技压群芳，而且成为史上首款可以在空中盘旋的直升机。两年后，福克再接再厉，又设计并制造出一架可控双旋翼横列式FW-61直升机。飞机出厂后，由德国女孩汉纳赖奇驾驶，成功地从柏林飞到伦敦，一时间在欧洲引起轰动。

此时，已移民美国的伊戈尔·伊万诺维奇·西科斯基也找到了直升机设计的突破口，并于1939年设计生产出一款名为VS-300的单旋翼直升机，这便是被美

➤ FW-61直升机

军编号为R-4的直升机。虽然该机的"出生"比科努、布雷盖和福克制造的直升机晚了近30年，但就实用性而言，它才是现代直升机的执牛耳者。

VS-300装有三片桨叶的旋翼，其直径各为8.5米，尾部装有两片桨叶的尾桨。第二次世界大战爆发后，鉴于其优秀的性能，它被派往缅甸。一部分成为美军驻缅甸指挥的代步工具，一部分执行战场救护和运输任务。

自此，直升机作为受"中国陀螺"启发横空出世的一种崭新飞行器，逐步完善并迅速成为各国军队追捧的新装备。

"直升机"一词的诞生

18世纪末期，英国的乔治·凯里公爵制造了一些成功的飞行模型并使之具备滞空能力，其中就有一架居然可飞到近30米的高度。当时间来到19世纪中叶，另一个叫菲利普斯的英国人制造出了一架以蒸汽做推力的更接近现代直升机样式的飞行器。这里必须提到一个人，他的名字叫阿梅科特，他除了相信飞行的可能，更是在乔治·凯里公爵之前十数年，第一次对上述飞行器给出了定义：helicopter，即直升机。

按照他的理解，直升机就是按照"中国陀螺"螺旋方式进行可控飞行的机器。为了获得第一手资料，经过研究，他发现旋翼在飞行过程中产生扭力是不可避免的，那么怎样才能抵消这种因旋转出现的问题呢？于是，他做了一个大胆尝试，这就是两个旋转方向完全相反的共轴螺旋桨，可惜这样的设计因动力不足根本无法保证机体获得应有的升力。因而像他这样的先驱者们开始研发实用型引擎，以提供足够的动力。

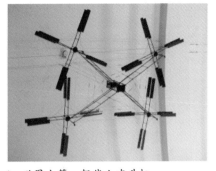

➤ 世界上第一架载人直升机

之后，对动力的摸索方兴未艾，有用木材的，也有用秸秆的，但这些都因引擎不适用而放弃，而著名的发明家爱迪生也没闲着，他在实验室里第一次以棉火药作为引擎燃料，但因遭遇严重的爆炸而放弃。

随着新燃料和新技术的运用，人们经过长期的努力，终于在19世纪发明了以燃油作动力的固定翼飞行器，而飞机的发明虽然让人类可以飞上天空，但这只能仿真鸟类的跑步起飞以及前进飞行，相反，对于空中如何停留（悬停）却一直束手无策。由此，在无前进速度下的空中停留以及在限制环境下垂直起飞和降落成为必须解决的问题。同时，作为现代意义上直升机的开发也正式走上历史舞台。

1. 破题

开发好说不好做，对于直升机，摆在人们面前的几个问题包括：

首先，如何改善机身结构，减轻引擎重量，以便飞行器有足够升力。其次，怎样抵消因主旋翼转动时所产生的扭力。再者，如何确保飞行状态的操控。

随后，同样以燃油为动力的往复式内燃机问世，这不仅让人类的载人飞行梦得以实现，同时，也为直升机的改进与发展提供了参考。1904年法国"狐狸"公司制造出一架横向双主螺旋桨直升机，这种飞机通过双缸引擎推动，同时利用翼片扑动插销来解决因翼片升力所造成的螺旋桨轴毂的力矩问题。

三年后，法国的"贝氏-富氏"公司建造了一架近600千克、40匹马力，并由四个主螺旋桨推动的直径为8.1米的直升机。这是人类历史上第一架有驾驶员参与的直升机。可惜的是，在试飞时，因笨重的设计和平衡不足，只好由四个人抓住机身做有限起降，而这种起降仅仅在离地不到1米（0.6米）的空中停留约1分钟。尽管这样，该飞机还是给了人们信心：要保证飞机正常飞行，就必须在螺旋桨叶与主轴之间通过活节解决升力不够的问题。

1907年11月3日，法国人波勒科努驾驶一架自制的直升机遨游蓝天，而他所驾驭的飞机，成为史上第一架真正由人单独操作、飞行的直升机。

➢ 早期直升机

　　该飞机由两个直径6米、转向相反的螺旋桨提供升力，飞行员座位在机身中心位置，而在此位置下配装了一台24马力的引擎，同时，通过滑轮及皮带带动螺旋桨旋转。为了控制方向，在螺旋桨下方各装一平面，通过控制平面的倾斜角度，利用螺旋桨的下洗流方向来达到直升机的方向控制。这架直升机重203千克。在10天后的试飞中，它在空中停留20秒，离地0.3米。当时为了防止失控，只能用绳索将直升机绑住，以免上升过高丢失。这架直升机后因机械及控制故障，在最后的一次试飞中摔坏报废。

　　两年后，美国有一对父子在上述飞机的启发下，建造了一架同轴双桨直升机，在不借助缆绳捆绑的情况下，飞行获得圆满成功。

　　又过了三年，苏联一位叫尤里耶夫的设计师，建造出全球第一架重200千克、主螺旋桨采用垂直反扭力螺旋桨的直升机。这样的设计因其先进性，一直沿用至今，成为直升机家族的最常见型式。

　　1916年，澳大利亚的设计者彼得勒齐和范卡曼设计、建造出第一台共轴双桨直升机。该机重815千克，引擎120马力，螺旋桨直径6米。试飞时为确保稳定

性，同样用缆线固定，这次试飞离地49米，令人懊恼的是，飞机在进行第十五次飞行起降中坠毁。

2.破土

第一次世界大战（简称"一战"）爆发后，受战争的刺激，各国加紧了对直升机的研究。在此期间，各种性能稳定、效率极佳的发动机如雨后春笋般被开发出来，直升机所面临的功率不足问题得到解决。

从此，设计者们又将目光投向了直升机的稳定性与控制性上，许多以前从固定翼飞机上直接照搬的概念得到更正，成为直升机专用设备和术语。如不再以垂直尾舵的方式来控制方向，而改以翼面循环倾角和以旋转翼来取代螺旋桨等。

当然，随着时间的流逝，关于直升机一词的发明没有异议，但在"到底是谁最先完成飞行"这个问题上争论不断。特别是第一次大战结束后的几年，多位直升机设计、制造者竞相号称是自己首先完成了真正的飞行。但事实上，正如本文所讲的那样，作为第一批吃螃蟹的勇士，尽管试飞的日期先后不一且相隔不远，但他们都是直升机设计的奠基人，也都是为直升机事业的发展做出积极贡献，并值得后人尊敬的先驱者。

人类从未停止对梦想的追求

第一次世界大战结束时，一位名叫马奎斯·皮斯卡拉的阿根廷工程师，建造了一架十分独特的直升机。该机包含两个直径达6.4米的转向相反的共轴旋转翼，旋翼采用上下两个平面，其中一个平面设定四块翼片。

这架直升机经过多次修改、设计、试飞后，配备180马力的发动机，于1923年底飞行了近800米，这个距离打破了当时有飞行距离记录以来的全球最长纪录。

而马奎斯·皮斯卡拉本人也成为第一位通过扭转翼片的方法，有效控制旋转翼循环倾角，并确保直升机获得自动旋转降落能力的人。

还是在固定翼飞机出现的时候，人们普遍认为直升机只能跟飞机一样，在引擎运转时才能正常飞行，引擎一停直升机就会像飞机那样坠落。而马奎斯·皮斯卡拉的设计彻底打破了这一定论。他认为，在没有引擎推动的情况下，如果将翼片倾角降低至较小角度，即可使旋转翼如风车一般继续旋转，而当直升机下降至一定程度时，只要合理增加翼片倾角，就会产生巨大的升力，其作用就有如刹车

➤ 早期直升机

一样降低直升机的下降速度。

　　萌芽阶段，类似上述的探索还有很多：

1.路易斯·布伦南

　　1934年以前，受材料、设计理念等因素的制约，直升机的发展一直没有大的起色，但是在此期间不少设计师也曾锲而不舍地在直升机开发、制造中投入精力。如英国的路易斯·布伦南就于1924—1925年间，建造过一款在旋转翼自由端装配螺旋桨，并以螺旋桨的推力来转动旋转翼的直升机。

2.冯·鲍姆豪尔

　　1924—1929年间，荷兰的冯·鲍姆豪尔也开发过一款双翼片直径达15米的主旋转翼直升机。该机配置200马力的转子引擎，同时以另一个80马力转子引擎带动垂直尾旋转翼，以平衡主旋转翼所产生的扭力。而主旋转翼装有扑动插销可保证翼片上下翻转，同时它还通过一根缆线连接两个翼片，形成有名的翘板式旋转翼。

　　这种独特的翘板式旋转翼有一定的好处，可以在一个翼片上升的情况下，让

Chap.1 011

第一章 梦想从「蜻蜓」开始

另一翼片下降。这一型号的旋转翼通常使用在双翼片旋转翼上。另外，这种独特的翘板式旋转翼的两个翼片也可以单一扑动插销的方式连接于转轴上，只是，如果用于多翼片旋转翼时，称之为吊架式旋转翼。这个设计后来成为一项发明，获得英国、法国两国的专利权保护。

➤ 翘板式的旋转翼

3.克拉迪诺·德阿斯·卡尼奥

1930年，意大利的克拉迪诺·德阿斯·卡尼奥建造出一架同轴双旋转翼直升机。该旋转翼为双翼片，直径13米，由95马力的引擎带动；翼片装有扑动插销及翼片倾角转动铰链。另外他利用翼片尾端的控制片，来改变翼切面外形，进而通过空气动力的特性来达到对翼片集合倾角及循环倾角的控制，而控制片则由飞行员利用缆线及滑轮来操控。水平飞行时，控制片则做周期性运动。垂直飞行时，控制片同时移动以增加或减小翼片的倾角，以提高直升机的升力。该机的飞行高度达18米、飞行时间8分45秒、距离1078米，这项纪录保持了好几年。

4.布洛克尔

1926—1930年间，美国的设计师布洛克尔同样建造了一架由四片类似机翼组成的旋转翼直升机。为克服扭力问题，他给每个机翼都装上了螺旋桨，全部机翼则绕旋转翼的主轴自由转动。动力则通过齿轮和链条，由一个装在机身下方的

420马力发动机组成，而控制系统由机翼上附加的空气动力板及机身尾舵的移动来完成。经过无数次的测试，最终因振动和太不稳定等问题只好放弃。

5. 赫尔森·卡恩

1926年，赫尔森·卡恩又建造了一架具有两个旋转机翼的直升机，该机翼展达6.5米，整个机翼面积近20平方米。为保证机翼绕着轴毂旋转，他在每个机翼中间都安装了螺旋桨并由一台75马力的引擎带动。然而，这架直升机在试飞时也是由于离心力和回转力问题没能解决而作罢。

6. 伊斯科

1929年，英国人伊斯科在吸取赫尔森·卡恩经验的基础上虽采用了类似的设计，但他却在两翼又各配置了一个32马力的引擎，以推动装置于翼端的螺旋桨，该机由两机翼组成的旋转翼直径达到12.5米。另外他还于机鼻部分加装了一个引擎和螺旋桨，以增加水平推力。然而，由于安置于翼端的引擎在机翼旋转时承受了太大的离心力，加之供油及润滑十分困难，所以这样的设计还没付诸行动就夭折了。

7. 奥斯卡·德

就在伊斯科不遗余力地设计上述机型的同时，即1928—1930年间，匈牙利的奥斯卡·德也制造了一架旋转翼直径为4.3米的共轴双旋翼直升机。该机由一台130马力引擎带动，翼片由柔性木质材料制成。飞行员则主要是通过操纵杆和脚踏板控制装于机身的六片绕水平轴回转的反射板来稳定飞行，反射板的作用在于反射旋转翼旋转时所造成的下洗流（旋翼下洗流：指直升机处于悬停状态时，旋翼转动使气流从旋翼上面流到旋翼下面而产生诱导速度）保持稳定。

为增加速度，奥斯卡·德进一步在机身加装了水平螺旋桨推进器。飞机制造完成后，他立即进行了试飞，结果发现，此机在晴朗无风的天气条件下还算稳定，可是一旦天气发生变化，它便成为一匹脱缰的野马，操控困难，再加上各控制系统反应缓慢，根本不适合飞行。后来经过驻厂检测，才发现该机的旋转翼受力达到了每平方米34千克，这直接造成了它的下洗气流速率过载，从而影响到飞行。

1928年苏俄气动力与水动力研究中心的H.萨宾、1930—1933年间比利时的N.弗洛伦等，他们所设计、制造的双旋翼直升机先后创造了13分和9分58秒的新的飞行纪录，尤其是前者，其飞行高度和距离分别达到了40米和700米。

事实上，同一时期还有不少直升机的设计师，都在这项工作中投入了巨大精力。

自旋机的发展

受经济和技术等因素的影响，从1924—1934年的十年时间里，直升机的发展应该说并无突破，进展缓慢。然而，东方不亮西方亮，恰恰也是这一时期，另一种飞行器发展得相当迅猛，这便是自旋机，这种飞行器到了1934年其技术甚至已达到十分成熟的阶段。

1. 认识自旋机

为什么要提到自旋机呢？这主要是因为这种飞行器的技术后来基本都被运用到了直升机上，不仅如此，它甚至在直升机的发展过程中，扮演了不可或缺的角色。事实上，所谓的自旋机，起初的概念就是采用旋翼自动旋转降落的能力，来提供飞机在低速和飞行失去动力时的飞行安全，因此最原始的自旋机便在飞机上

➤ 早期自旋翼直升机

加装了旋翼，以利用其自动旋转降落的功能，正因为有这个特点，让它缺失了垂直升降飞行的能力。当然，后来也有人给自旋机的旋翼加上动力，然后在地面上先确保旋翼在无翼片倾角的情况下超速旋转，这一方面为飞行器储存了可观的动能，另一方面也令飞行员在突然增加翼片倾角的时候，能轻松升空飞行，这种方法后来被人称为"跳跃升空"。

1919年，西班牙人胡安·德拉西瓦设计出一架这样的飞机，可惜在靠近地面飞行时因失速而坠毁。这一事故让他对飞机低速起飞及降落能力产生兴趣，而飞机低速起飞及降落的关键原因在于是否能设计出一种在低速状态下，具备高升力、低阻力的机械。

后来，在旋转翼模型的风洞实验中，他发现在无动力的情况下，如果旋转翼往后倾斜，甚至在低速情况下同样具有高升力、低阻力的特点，且最佳结果是在飞行器低速状态下，旋转翼能保证一定的正倾角。

由此，他于1922年将一种五个翼片的旋转翼装在了飞机上。最初，飞机的翼片直接固定在旋转翼轴毂上，当飞机前进时，其因旋转翼升力的不对称而有向旁边翻落的倾向。为此，他改用较柔性的棕榈材料做成翼片来进行替换，这样，一下子让他茅塞顿开，原来成功的飞行完全在于柔性翼片的使用。正是有了这样的发现，让他在之后的设计中大胆运用活节式旋转翼。同时，也使他成为世界上第一个在旋转翼飞行器上成功运用翼片扑动插销的科学家。

在获得上述发明后，为避免飞行器在达到一定飞行高度后机体产生振动，他还在自己设计的自旋机翼片前后移动的方向上加装了新的吸振器。这种崭新的设计理念，同样也成为后来飞机的设计者们为避免直升机发生"地面共振"而必须采用的装置。

2. 地面共振

"地面共振"，就是当直升机停在地面，而旋转翼仍在继续旋转时，翼片在前后方向移动过程中的惯性力，它极易造成转动轴上周期性的水平力作用于机身，从而生成共振扭力。如果此力的频率与机身包括起落架的频率相同时，机身就会在瞬间承受巨大外力，一般只有几秒钟，便可将飞机摧毁解体。

1923年，胡安·德拉西瓦将四个具有扑动插销翼片的旋转翼安装于飞机上，该机的旋转翼直径为9.8米，由一台110马力的引擎带动，而自旋机的飞行控制则完全利用飞机的空气动力表面，飞机原有的螺旋桨则用来推进自旋机，此种结合的飞行结果取得成功，这极大地展现出直升机所具有的自动旋转降落功能。

不久，胡安·德拉西瓦正式建造了一架旋转翼直径为11米，并配置一台100

马力引擎带动的自旋机，于1925年在英国皇家飞机航空局的飞行表演中进行了成功的展示，而该机"德拉·西瓦"也被称为第一架成功的自旋机。受这次展示的启发，英国人对旋转翼产生极大的兴趣。

1925年底，胡安·德拉西瓦在英国成立了自己的自旋机公司，并在十年间生产出近500架自旋机。不幸的是，在1927年的一次飞行过程中，有一架自旋机意外坠毁，后经研究发现，这次事故完全是由该机翼片在旋转平面上的不规则运动造成的。为此，胡安·德拉西瓦建议，在翼片上再加装一套前后运动插销，以确保翼片前后运动所产生的弯矩在正常范围之内，而这种被称为"活节式旋转翼"的设计，一直沿用至今。

1932年，胡安·德拉西瓦又采用直接控制旋转翼转动轴的方法，来操控自旋机的纵向及横向飞行，从而彻底取代了原本在低速状态下，以控制飞机气动表面为手段的落后操控方法，进而再次取代了胡安·德拉西瓦的直接使旋转轴倾斜的方法。

在此期间，美国人克威尔福德所制造的一架自旋机，也采用了翼片循环倾角的控制方法，唯一的不同在于旋转翼为无插销式旋转翼，其翼片运动所产生的力量由翼片里的梁来承受而非插销。

3. 逐步成熟

在之后的三年时间里，自旋机的发展逐步成熟，这也远远领先于直升机的发展，分析其原因，主要是旋翼不需动力或只需很小的动力便能达到低速起飞、降落及飞行的目的，再加上旋转翼的机械构造相对简单，问题的解决亦较容易，功能转换快捷等都保证了自旋机发展的成功与迅猛。

总之，作为一种沿袭飞机的技术，自旋机虽然无法和直升机媲美，但它在发展过程中解决问题的技巧及思路，对随后研制的直升机的起飞、发展做出了突出的贡献。尤其是在20世纪20年代，由自旋机旋转翼而衍生出的旋翼理论，更是为后来直升机的设计、飞行理论的建立创造了条件。

从探索期进入实用期

随着自旋机制造经验及一些风洞测试的成功，一种名为FOCKE6I的直升机于1934年问世。此机的机身由向两旁横向延伸的三角形支架各支撑着一个减速齿轮箱及一个三翼片活节式旋转翼。同时，因为引擎转速远快于旋转翼转速，所以该

➢ VS-300型直升机

机通过直升机的旋转翼来固定转速旋转，而减速齿轮主要用来降低引擎轴所传递的转速，这样便达到了旋转翼所应具备的转速。

上述直升机全机总重950千克，旋转翼的直径7米，以160马力引擎来带动两个旋转方向不同的旋转翼。1937年5月，该机成功地完成了自动旋转降落，同年6月底，以2100米高度和100千米的直线飞行距离完成飞行。

1. 与时代同步

直升机的发展是随着重大技术的引进而获得进展的，它也像探索期的突破点一样，帮助直升机逐步进入实用期，而这一时期的重要标志便是动力装置的完善以及旋翼的选材与布局。

提到旋翼，在这里就不得不说到一个叫莫里斯·奇拉西塞的人，正是以他为首的一群年轻工程师，经过大量研究，建造出活节式同轴双旋转翼。当时为加强操控，他们甚至为所设计的旋翼装置了三十多个油压泵浦，并利用装于旋转轴支撑架中的连杆机构，来保证翼片集合倾角及循环倾角的正常实现，与此同时将翼片厚度及宽度方向调整为渐缩式。这种设计，不仅使翼片上扬时减小了倾角，降低了翼片上扬角度，而且还能防止上下旋转翼的相互影响。可以说，这种倾角与扑动耦合的方法最大程度地确保了旋转翼的稳定。直到今天，很多直升机旋转翼的设计仍然如此。

旋翼设计完成后，他们又寻找到与其匹配的引擎与机身，几经组装、测试和规划，1933年底，他们所设计的直升机进行了第一次进场试飞，可惜第一次便给了他们当头一棒，直升机刚一起飞就翻覆、损坏。他们没有放弃，很快对损坏的直升机进行了修理复原。三年后的1936年，这架经过改良的直升机再次冲向蓝天。这次飞行创造了来回40多千米的飞行世界纪录和空中停留近10分钟的全球最长留空纪录。

20世纪初，多国科学家的努力探索为直升机的发展积累了可贵的经验并取得显著进展，有多架试验机实现了短暂的垂直升空和短距飞行，直升机离实用已是朝霞满天。

1939年春，著名设计师伊戈尔·西科斯基完成了VS-300直升机的全部设计工作，同年夏天制造出一架原型机。这种单旋翼带尾桨的构型，成为如今人们最常见的直升机型制。进入20世纪40年代后，该公司又研制出一种双人座的轻型直升机R-4，它是世界上第一种投入批量生产的直升机，也是美国陆军航空兵、海军、海岸警卫队和英国空军、海军使用的第一种军用直升机。该机的公司编号为VS-316。R-4、HNS-1分别是美陆军航空兵、海军和海岸警卫队的编号。而到了英国空军与海军手上，它的名字分别变成了"食蚜虻1"和"牛虻"。

2. 走向实用

至20世纪30年代末，法、德、苏等国先后研发出自己的直升机，并相继试飞成功，之后迅速达到了实用的程度。从这一时期开始，全球较典型的直升机包括美国的贝尔47、S–55/H–19、S–51，苏联的卡–18、米–4，还有英国的布里斯托尔–171，捷克的HC–2等。到第二次世界大战结束时，德国已生产30多架直升机，美国的R5、R6直升机甚至已达400多架。这批直升机"方阵"直接代表了该飞行器实用阶段的到来。

20世纪后半叶，直升机的应用领域扩展更加迅猛，数量急剧增加，至今已有2万多架直升机服务于各个国家国防建设的各个部门和实战领域。

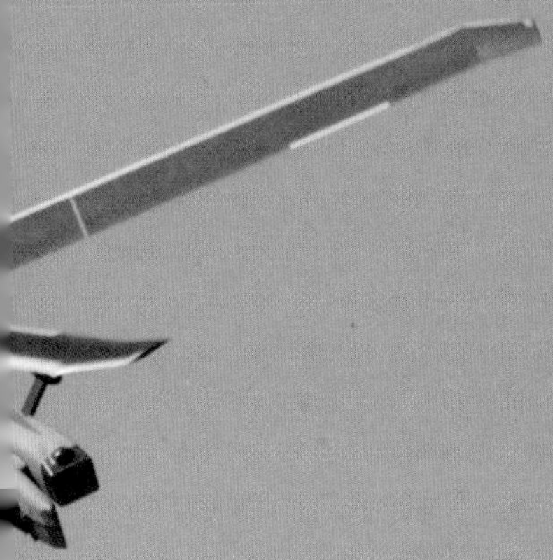

第二章

直升机怎么飞

Chap.2

　　每一种飞行器都有它自身的飞行方式，飞艇也好，固定翼也罢，即便是风筝也都有一定的要求。而直升机到底是怎么飞起来的？它的基本构造、独特飞翼、具体操作又是怎样的？这些都是普通人很难弄清楚的问题。本章我们将带您快速读懂直升机飞行的奥秘。

看一看直升机的基本构造

作为一种以一个或多个大型水平旋转的螺旋桨提供向上升力的飞行器，直升机也和其他飞机一样，有其特殊的构造，这样才能确保它能够停留在半空不动（悬停），或向后、向上（下）飞行，完成灵活的起降作业。

总的来说，直升机的构造主要由机体（包括旋翼及尾桨）、动力、传动等三大系统和机载飞行设备组成。直升机的旋翼一般通过活塞式发动机，或者涡轮轴发动机以传动轴与减速器等部件组成的机械传动系统来驱动，也可由桨尖喷气产生的反作用力进行驱动。正是有了这样的动力和结构，才让直升机成为现代战争的当家花旦。

1. 机体结构

直升机的机体是指用来固定并支持机上组件、系统的外部结构，把它们连接成一个整体，并用来装载人员、物资和设备，使直升机满足既定技术要求。可以看出，直升机的机体是其组成直升机不可缺少的重要部件与必要载体。没有机体就没有直升机，机体不过关，就会直接影响直升机的质量和性能的发挥。

因此，直升机的机体外形对它的操纵、起降、飞行性和稳定性都会产生重要影响。对一架直升机而言，机体除需承载动力部件、配装武器、货物吊装带来的负荷外，还需承受固定在壳上各种装载所造成的压力，而这些载荷全都通过接头进行传递。当然，直升机除了参与作战，完成战争赋予的任务，更多的是装卸、转运人员、货物、弹药等运输工作，为此，机体上安装的所有设备都必须合乎要求。此外，为便于发挥直升机的作用，其机体还要满足视窗、舱门和排气开口等设计的组合需要，这都无形中给机体的结构带来影响，其复杂性不言而喻。

直升机是个运动的物体，它的旋翼、尾桨都会因强烈的抖动产生交变载荷，这同样给机体结构提出了挑战，因这类原因引起的机身结构的不合理振动，不仅会减少机体结构的疲劳寿命，还会影响乘员的舒适性以及

➤ 直升机透视图

直升机的出勤率。因此，很多国家在对机身结构进行设计时往往都会采取诸多措施，以降低直升机机体的振动频率。

直升机是一支部队的天上轻骑兵，在材料选择、设计上下功夫是必然的，但更重要的是必须确保机体结构承受打击的能力，预留因坠撞而给机体带来的损失等。随着科技的进步以及战场环境的不断变化，现在用于直升机机体制造、改进的新手段也层出不穷，如轻质材料、复合材料等已经广泛地应用于机身结构锻造。这些材料与原来大多数直升机所采用的铝合金相比，不仅刚度、强度全面提升，而且可极大地减轻结构重量，其耐破损、抗高压能力更是为直升机的安全性能发挥创造了条件。除了这些优点，大凡轻质和复合材料成型工艺都简单，组装拆卸便利，维修替换方便。因此，受到各国军工企业和部队的普遍欢迎。譬如：波音360直升机因为采用了上述新型复合材料机体结构技术，加上崭新的气动、飞控与防振动设计，其有效载荷增加1296千克，生产效率提高近50%，巡航速度更是增加了35%，几乎提高了机体40%的综合效能。

2.动力系统

总体而言，直升机的动力系统分为两类，第一类是航空活塞式发动机；第二类是航空涡轮轴发动机。在直升机发展初期，许多军用直升机上多采用技术上比较成熟的航空活塞式发动机作为直升机的动力装置。但由于其振动大、功率质量比和功率体积比小、控制复杂等许多原因，不少国家便另辟蹊径，纷纷改用逐步发展起来的涡轮喷气技术，以获得性能更佳的动力系统，这便有了最终研制成功的直升机用新型涡轮轴发动机。

（1）活塞式航空发动机

活塞式航空发动机，通俗讲就是往复式内燃机，它是直升机飞行的最核心要件。这种发动机最少有4个汽缸（也有8个或更多者）。活塞式航空发动机一般由汽缸、活塞、曲轴、连杆、机匣与分气机构等部分组成，通过火花塞点火、曲轴转动、活塞往复等循环运动，为直升机提供源源不断的飞行动力。从直升机进入实用阶段到第二次世界大战结束，几乎所有直升机都采用这类发动机作为动力装置。之后，随着燃气涡轮发动机的问世，活塞式航空发动机逐步在直升机的动力选项中被边缘化。目前，除少数小型低速直升机仍采用活塞式航空发动机外，绝大多数主流直升机的动力基本上都选用了航空涡轮轴发动机。

（2）航空涡轮轴发动机

航空涡轮轴发动机亦称涡轴发动机，是直升机的主要动力设备。它是通过涡

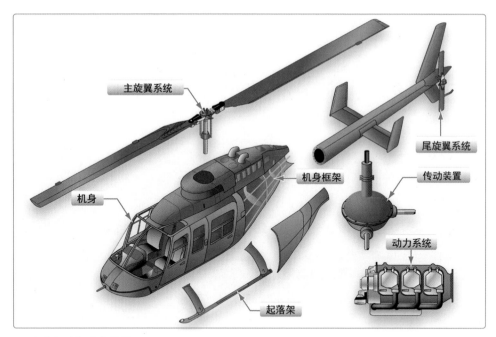

主旋翼系统

尾旋翼系统

机身框架

传动装置

机身

动力系统

起落架

➢ 直升机的机身分段图

轮、燃烧室、压气机、进气装置和排气装置等部件，将输出气体的能量传至轴上从而带动螺桨旋转，让直升机完成飞行任务的一种动力系统，亦称为涡轮螺桨发动机。

涡轮轴发动机于1951年12月开始装在直升机上，那时它没有自成体系，属于涡轮螺桨发动机。以后随着直升机在军事和国民经济上使用得越来越普遍，涡轮轴发动机才获得独立的地位。

有资料显示，全球最先研制并运用涡轮轴发动机的国家为法国。从20世纪50年代初开始，该国透博梅卡公司便研制设计出一种功率达206千瓦（280马力）的一级离心式叶轮压气机、两级涡轮的单转、输出轴功率的直升机用发动机，成为全球第一台直升机专用航空涡轮轴发动机，为此，法国将该型发动机命名为"阿都斯特-1"。虽然发动机出自法国人之手，但首先启用这种发动机的直升机却是美国贝尔直升机公司生产的Bell47，并在1954年进行了首飞。

此后，涡轴发动机的结构、布局不断改进和发展，其性能也是突飞猛进，各种新的型号如雨后春笋般涌现。有资料显示，全球范围内，直升机用航空涡轴发动机经历了四代发展，输出轴功率也从几十千瓦到数千千瓦，林林总总达到二十多个发展系列。

3.直升机的传动系统

直升机传动系统包括主减速器、中间减速器、动力传动轴、尾传动轴、尾斜轴系、尾减速器、尾桨等，整个系统十分繁杂。作为直升机关键组成部分的传动系统，其性能直接关系到直升机的飞行稳定性和作战性能。因此，欧美、俄及很多发达国家从上到下，都投入了大量的财力、人力和物力对直升机的传动系统进行攻关研发。

如美国，20世纪90年代初，该国军方与国家航空航天局协作，开始进行面齿轮传动技术的研究。经过18年攻关，该国"阿帕奇"直升机的主减速器才第一次用上了这种安全性能高、运行稳定的面齿轮传动技术。俄罗斯也为自己的K50直升机研发出复合行星轮传动系统，尽管该系统结构复杂，轴承、齿轮等零件过多，系统可靠性也不高，但传动比大，承载力强。日本、意大利也没闲着，一面完善加工技术，一面根据自身能力制定方案。前者参照数控滚齿机平台，试验性地开展了面齿轮的近似加工；后者根据国力量身定制出FACET计划。而所有这些都是在为直升机上获得经济、舒适、可靠和先进的传动系统忙碌。可以预见，未来直升机的传动系统将向着轻重量、低噪声、高效率的方向发展。

直升机的飞行原理

直升机作为一种特殊的飞行器，其升力和推力都是通过螺旋桨（主旋翼）的旋转获得的，这一推一拉的劲儿，既是直升机完成起降、平飞等动作的力量来源和有效保证，也是它区别各类固定翼飞机的明显标志。

从根本上说，固定翼飞机的飞行，完全是通过对各部位机翼状态的调节，使机身周围出现一定的气压差来完成各类飞行动作，并且其发动机只能提供向前的推力；而从直升机的动力和操作系统看，其根本不需要普通飞机那样的巨大机翼，相反只要有了主副螺旋桨（主旋翼与尾旋翼），其飞行便有了基本保障。

如此比较，直升机的飞行特点可谓一目了然：

①可垂直起降，对着陆场的要求较低；②可在空中悬停，即使直升机的发动机在空中停车时，驾驶员通过操纵旋翼使其自转，仍可产生一定升力，减缓下降趋势；③能沿任意方向飞行；④飞行速度低，航程较短。

1.直升机飞行操作原理

（1）如何起飞？

一般而言，直升机在地面停放的时候，其旋翼的桨叶往往会由于自身的重量

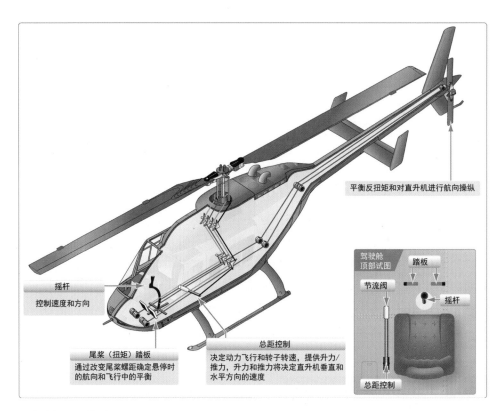

平衡反扭矩和对直升机进行航向操纵

摇杆
控制速度和方向

尾桨（扭矩）踏板
通过改变尾桨螺距确定悬停时
的航向和飞行中的平衡

总距控制
决定动力飞行和转子转速，提供升力/
推力，升力和推力将决定直升机垂直和
水平方向的速度

驾驶舱
顶部试图
节流阀
踏板
摇杆
总距控制

➤ 直升机飞行控制原理

呈自然下垂状态，一旦直升机开始飞行，其旋翼就会不停地旋转。此时空气流过桨叶上表面，流速加快，流管变细，压力减小。当空气流过桨叶下表面时，流速变慢，流管变粗，压力增大。这样一来桨叶的上下表面就形成了空气压力差，从而在桨叶上产生一个向上的拉力。当然，这个拉力的大小很容易受到外部因素的影响，比如空气密度、机翼的大小和形状、桨叶与气流相遇时的角度，还有和气流的相对速度等。所以，可以说各桨叶的总拉力等于旋翼的拉力。

另外，直升机飞行时，旋翼的桨叶会形成一个带有一定锥度的底面朝上的大锥体，这便是人们所说的旋翼锥体。旋翼的拉力垂直于旋翼锥体的底面，当向上的拉力大于直升机自重，直升机就上升；小于直升机自重，直升机就下降；刚好相等，直升机就悬停。

因此，可以说只要控制了旋翼锥体向前后左右几个方向的倾斜，就可以改变旋翼拉力的方向，从而实现直升机向不同方向的飞行。

（2）如何转向？

当直升机驱动旋翼旋转时，旋翼必然对直升机产生一个反作用力矩，如果只有一个旋翼，没有其他措施，直升机机体就会与旋翼一起"共舞"。在舞场上这是必须的，但在直升机上出现这种状况就是机毁人亡。

怎么办呢？为此设计者想了很多控制反作用力矩的方法。比如按照左右并排、前后纵列、上下共轴、交叉互切等布局给直升机装上两个大小相等、旋转方向相反的旋翼来抵消相互的反作用力矩；再比如用喷气引射和主旋翼下洗气流的有利交互作用来抵消反作用力矩，但是最简单的还是在机尾装一个垂直旋转的小旋翼，称之为尾桨，通过或"拉"或"推"的方式抵消反作用力矩，这也是现代大多数直升机普遍采取的方式（注：本文在探讨有关问题时，除特殊说明外，均是指这种单旋翼带尾桨的直升机）。通过控制尾桨"拉力"或"推力"的大小，可以达到使直升机偏转的目的，从而实现直升机的转向。

（3）如何上升？

旋翼旋转时做圆周运动，由于半径关系，桨叶尖处线速度很大，而桨叶靠近圆心处的根部线速度很小，几乎为零，所以单片桨叶上各处产生的升力并不相同，靠近桨叶尖的地方产生最大的升力，而靠近根部的地方只产生很小的升力。

（4）如何平飞？

当直升机前进时，旋翼中的前行桨叶（向机头方向转动的桨叶）的相对气流速度高于后行桨叶（向机尾方向转动的桨叶）的相对气流速度，其产生的升力也

➤ 复杂的直升机主悬翼绞盘

大于后行桨叶，这就造成两侧升力的不均，从而可以向前平飞。

（5）靠什么保持平衡？

如果桨叶和桨毂刚性连接，一方面桨叶上不均的升力会使桨叶产生强烈的扭曲，既会加速桨叶材料的疲劳，又容易引起振动；另一方面旋翼两侧升力的不均衡会使机体失去平衡，向一侧翻滚。为了解决这些问题，设计者设计了一个铰接装置来连接桨叶和桨毂，即"挥舞铰"。

"挥舞铰"也叫"水平铰"，就是在桨叶的根部设置一个水平的轴孔，通过插销与桨毂相连，这种连接方式允许桨叶在一定幅度范围内挥舞。这样一来桨叶在前行时，由于升力增加，自然向上挥舞，其运动的实际方向不再是水平，而是斜线向上的，桨叶实际的迎角也由于这种运动而减小，升力降低。桨叶在后行时，升力不足，自然下降，这种边旋转边下降的运动，使桨叶的实际迎角增大，升力增加。

同时由于离心力的存在，桨叶会有自然拉直的趋势，因此不会在升力作用下无限升高或降低，也就是说桨叶的挥舞幅度不是无限的。同时设计者在机械构造上也采取了相应的措施，保证桨叶不至于因无限挥舞而碰撞到机身。

2.直升机的几种飞行形态

归纳起来，直升机的飞行形态基本如下。

（1）升降

一般通过总距杆操作完成，当总距杆向上提时，主螺旋桨的桨叶倾角增大，直升机上升；反之，直升机下降。而将总距杆置于中间位置则可保持当前高度。

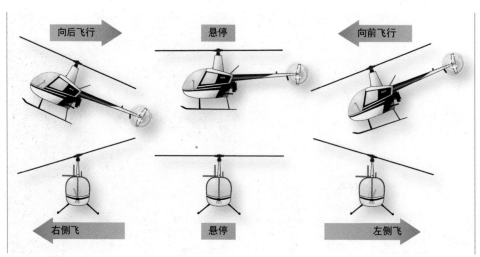

➤ 直升机飞行姿态图

（2）平移

作为直升机的一项独门绝技，平移是在不改变机身方向的状态下，向各个方向平移的一种动作。既能展现直升机性能，也是适应战场环境，完成对敌狙击任务的有效保证。该动作主要通过改变主螺旋桨的旋转倾角完成。

（3）旋转

该动作主要通过直升机的尾螺旋桨实现。现在直升机设计师都在机尾安装有尾螺旋桨，当直升机处于直线飞行时，尾桨的推力力矩与主桨的反作用力矩刚好构成一对平衡力矩，而只改变尾桨的输出功率机身就可以在水平面上进行旋转。大多数直升机都是通过驾驶席前方的一对脚踏板来调整机头方向。

旋翼是怎样"炼"成的

对直升机来说，重要的部件太多，但旋翼无疑会被放在首位。直升机的升力和前飞、滚转、俯仰的操纵力，都要靠旋翼实现。总体看，直升机的旋翼按桨叶和桨毂连接方式，大体可分为全铰接式、无铰式、半无铰式和无轴承式四种。下面我们就来共同了解一下直升机这些不同的旋翼到底是怎样炼成的。

1.全铰接式旋翼

全铰接式旋翼（也称铰接式旋翼）是指桨毂设置挥舞铰（水平铰）、摆振铰（垂直铰）和变距铰（轴向铰）来实现桨叶挥舞、摆振和变距运动的一种旋翼。

全铰接式旋翼是早期直升机最普遍的一种结构形式，该旋翼的最大特点是桨毂上有三个双耳片，并分别以铰接构件与三片桨叶相连。当桨毂绕旋翼转轴转动时，带动桨叶一起旋转。同时，桨叶还可以绕三个铰（轴向铰、垂直铰和水平铰）的轴线转动，在一定范围内与桨毂做相对运动。

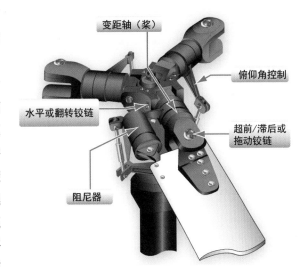

变距轴（桨）

俯仰角控制

水平或翻转铰链

超前/滞后或拖动铰链

阻尼器

➢ 全铰接式旋翼

（1）水平铰

水平铰，它的作用在于，当发动机工作时，旋翼就会以一定的转速转动。在飞行过程中（比如说前飞），因飞行速度的存在，使得旋翼前行桨叶的相对气流速度大于后行桨叶的相对气流速度，从而使前行桨叶产生的升力大于后行桨叶产生的升力。如果缺少了水平铰，则由两侧桨叶升力大小不等所构成的滚转力矩，将使直升机倾斜。有水平铰时，情况则不同。前行桨叶升力大，便绕水平铰向上挥舞；后行桨叶升力小，便绕水平铰向下挥舞。这样，横侧不平衡的滚转力矩就不会传到机身，从而避免了直升机在前飞中产生倾斜。

（2）垂直铰

垂直铰则是在直升机前飞时，桨叶在绕旋翼轴转动的同时还要绕水平铰挥舞。桨叶做挥舞运动时，桨叶重心距旋翼轴的距离不断变化。

（3）轴向铰

轴向铰，它主要是以操纵系统让桨叶绕轴向铰偏转，以改变桨叶角（或称桨升机距角）的大小，从而改变桨叶的拉力。否则，桨叶角减小，拉力减小；桨叶角增大，拉力增大。

全铰接式旋翼其典型的铰接式桨毂铰的布置顺序（从里向外）是挥舞铰、摆振铰、变距铰。这种铰接式旋翼的桨毂构造相对复杂，结构易疲，使用寿命低。同时，容易增加检修维护的工作量。

2.无铰式旋翼

无铰式旋翼，是指取消了挥舞铰和摆振铰，仍保留变距轴承的一种旋翼。

20世纪中叶以前，铰接式旋翼是主要的旋翼形式，长期应用，技术相对比较成熟。但由于结构过于复杂，操纵功效不高，加之角速度阻尼小、维护工作量大等固有的缺点，这种形式的旋翼逐步引起争议。

因此，从20世纪50年代起，很多国家都开始了无铰式旋翼的研究。经过努力，随后的20年，无铰式旋翼的运用逐渐铺展开来。如英国的山猫和德国的BO105直升机，一个采用挥摆耦合，一个采用消除耦合，两种直升机分别代表了两种不同的设计思路。

当然因为只是没有挥舞铰和摆振铰，却仍然保留了变距用的轴向铰，因此还不是真正意义上的"无铰"。

总体看，无铰式旋翼由于保留了承受很大力矩和离心力的变距铰，所以结构太重，难以"瘦身"，其他方面的简化同样受到了限制。

➤ 无铰式

3. 半无铰式（半固接式）旋翼

半无铰式（半固接式）旋翼的特点是只有两片桨叶，彼此连成整体，共用一个中心水平铰，没有垂直铰，但仍有轴向铰，一眼看上去就像一个跷跷板，所以也有了"跷跷板式旋翼"之称。

美国贝尔公司生产的贝尔412直升机，就是在贝尔212基础上研发的跷跷板式旋翼直升机机型，主要改进是由直径较小的4桨叶旋翼取代了212的2桨叶旋翼系统。

总的来讲，半无铰式（半固接式）旋翼的结构比较简单，但操纵性较差。

4. 无轴承式旋翼

无轴承式旋翼是一种没有垂直铰和水平铰，也不安装轴向铰，而仅靠桨叶根部的扭转变形来使桨叶变距运动的旋翼。其特点是结构简单，灵敏度高，维修

➢ 半无铰式（半固接式）旋翼

方便，更重要的是使用周期长。因为这些优点，受到很多国家的重视，也成为四代直升机的显著标识。目前采用这种技术的国家很多，如欧洲（EC635）、美国（RAH-66、AH-1Z）、俄罗斯（ANSAT）、中国（直10）。

随着科技的进步，未来更加先进的旋翼型式将不断涌现并受到青睐，而军用直升机旋翼的发展也将朝着更智能、更高端的方向发展。

飞起来容易降落难

在人们的印象中，直升机直上直下，不需要跑道，即使在危急情况下，也可以自旋下降，只要赶紧找一块平地降落下来，哪有什么危险？其实，事实绝非如此。有资料显示，在直升机坠毁事故中，因降落造成的机毁人亡占到所有事故率的74%，正所谓"飞起来容易降落难"。

1. 飞行事故

2018年1月10日傍晚，一架从克拉科夫飞往华沙的波兰航空飞机在华沙肖邦国际机场跑道上降落时，因前起落架没有打开而发生事故，所幸无人伤亡。

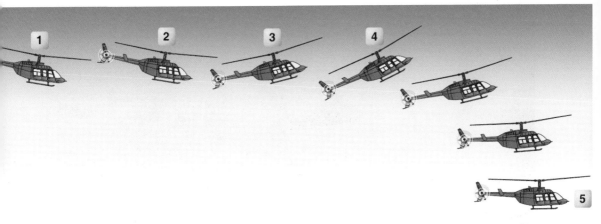

➤ 直升机降落减速时的姿态调整

2018年3月7日，俄特种部队一架米–8直升机在车臣共和国坠毁，机上共载9人，有5人遇难，这仅仅是俄罗斯当月发生的第二起坠机事故。当地时间6日下午3点，俄罗斯一架安–26运输机在叙利亚的俄空军基地附近降落时坠毁，机上26名乘客和6名机组人员全部遇难。

上述直升机事故中的两架直升机均由最老练的直升机飞行员驾驶，也难逃失事的厄运，凸显了直升机的降落之难绝非危言耸听。

2.直升机的降落难度

那么，直升机的降落到底难在哪里呢？具体来讲，有这样几点：

（1）地形

作为一款作战装备的直升机，无论战时还是平时，其降落地的选择都是头等大事，尤其是作战中，面对的大多是陌生环境，而在这种状况下要找到一块适合降落的地方绝非易事。

比如坡地、沙丘、沼泽、森林等，一旦盲目降落，就可能带来意想不到的后果。

比如，地面沙尘、杂草。因直升机的旋翼在旋转中会产生巨大的气流，而这些气流掀起的沙、草漫天飞舞，不仅扰乱飞行员视野，进入发动机后还会造成机械受损，在这种情况下，将成为敌人的活靶子，这还是轻的。如果机翼触碰到山体或者林木，还会造成机毁人亡的惨剧，带来非战斗减员。事实上，这也是很多空降作业中，宁愿采取悬停索降也不盲目着陆的根本原因。因此，地形环境对直升机的降落来说，难度之高非常人所能想象。

➤ 直升机降落时的气流

（2）机械故障

在很多人眼里，直升机不仅能垂直起降还能前进倒飞，轻巧地落地，灵便地腾挪，真是不能再悠哉了。的确，直升机的飞行动作是固定翼飞机无法比拟的。但谁能想到，这些看似优美动作的背后，完全是直升机复杂的机械在支撑。其操作面之多、要求之高也是有目共睹的。

据报道，2018年6月，美国联合直升机安全分析机构对近三年来全美500起直升机飞行事故进行分析研究后得出结论：有近110起（其中5起属重大机毁伤亡）事故都是在降落阶段因机械故障而引发的，占比高达22%。

（3）天气

直升机的降落受天气影响是最明显的，处理不当就会前功尽弃甚至面临危险。总体来说，威胁直升机降落安全的天气现象包括雷暴、风雨、沙尘、雾霾、积冰、火山灰云等。尤其是雷暴，它被认定为飞行活动的"杀手"，不仅给直升机机体、旋翼、导航设备带来极大危害，而且影响驾驶员的操控。

在风和日丽、天高云淡的日子里，蜻蜓点水般的直升机是一道亮丽的风景线，但进入复杂战场环境的军用直升机，往往要面对的都是强大的对手、严酷的气候、恶劣的地形甚至是多变的可视度，这样的情况，对任何直升机的降落来说都是极大的挑战。

当然，直升机降落的难点还有很多，比如迫降、燃料、通信、地勤指挥、飞行员判断等，这些都是造成直升机降落困难的拦路虎。因此，对直升机来说，"飞起来容易降落难"的说法并非空穴来风。

直升机的操控

直升机作为一种完全不同于固定翼飞机的飞行器，它的推力与升力基本来源于螺旋桨的旋转。正因如此，直升机的操作系统必然有其独特性。应该说，作为固定翼飞机，它的飞行主要是对各部位机翼的状态做出调整，以使机身周围产生气压差进而完成不同的飞行动作。固定翼飞机一个显著的特点是其发动机只提供向前的推力。但直升机却不同，它的动力主要靠主副螺旋桨在垂直或水平方向上提供，而无须配置硕大的机翼。

1. 操控过程

（1）总距杆。该部件以手柄状设置在驾驶席的左侧，它所控制的是主螺旋桨下方自动倾斜器的动环。此装置对主螺旋桨的桨叶倾角加以调节以改变动力的大小。当然，这种配置也不一定是所有直升机的样式。如，世界上最大的直升机制造商，公司总部位于美国南部德克萨斯州沃斯堡的德事隆集团的系列直升机，就在总距杆上另外加装了集成的主发动机功率控制器，这样的改进让控制器在控制主螺旋桨桨叶的旋转倾角时，能自动对主发动机的输出功率做出调整。

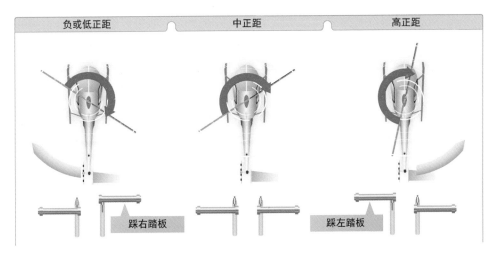

> 直升机尾桨控制

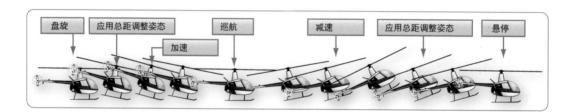

盘旋　应用总距调整姿态　巡航　减速　应用总距调整姿态　悬停

加速

> 直升机飞行状态分图

（2）周期变距杆。该部件也是以手柄状设置在驾驶席的正前方，它所控制的主要是主螺旋桨下方自动倾斜器的不动环。所谓不动环，就是能调整主螺旋桨的旋转倾角并决定直升机飞行方向的操控组件。

（3）踏板。该部件安装在直升机驾驶席的下方，一般为两块，驾驶员可用它们对桨叶的倾角以及尾螺旋桨的输出功率进行调节，这两项调整对机头的水平方向起决定作用。

2.飞行姿态的操作

（1）直升机的平移

直升机最亮眼的功能就是在机首方向不变的情况下，随时向不同方向做出平移动作。这种移动看起来十分优雅，这种效果得益于主螺旋桨的旋转倾角，也就是当驾驶员向各个方向扳动周期变距杆时，主螺旋桨的主轴便产生相应的倾斜。此时，主螺旋桨所产生的推力分解为水平与垂直两个方向的分力，后者的分力在于确保飞行高度，而前者能让机身在此方向上发生平移。

当然这样的情况是建立在主螺旋桨总成基础上的。如果仔细分解每一片桨叶的受力形态，就会发现情况大不一样。我们知道，直升机螺旋桨的横截面跟普通飞机机翼的横截面差不多，均为头粗尾尖的半纺锤形或纺锤形，这使得直升机主螺旋桨的旋转面在偏离水平面的时候，单片桨叶划过空气的切入角度必然随着螺旋桨的转动而发生周期性的变化。同理，该片桨叶所产生的升力也会表现为周期性的改变。这也是驾驶舱中控制主螺旋桨主轴角度的操纵杆被称为周期变距杆的由来。

（2）旋转

这个功能是所有飞行器中直升机仅此一家的独门绝技。它主要是通过直升机尾螺旋桨来完成的。以只装配一副主螺旋桨的直升机为例，如果把机身和主螺旋桨看作一对施力和受力物体的话，主螺旋桨旋转所产生的反作用力必然会使机身向相反的方向转动。这样，如想保持机身的稳定，就必须增加一个额外的力矩来抵消这种旋转，这也是直升机尾部安装尾螺旋桨的动因所在。当直升机处于直线飞行时，主桨的反作用力矩与尾桨的推力力矩正好构成一对平衡力矩，而只需改变尾桨的输出功率，直升机便可在水平面上进行旋转。总体看，目前一般的直升机大多通过驾驶席前方的一对脚踏板来调整机头方向，可见，尾桨的功率控制靠踏板完成。

（3）升降

直升机的降落是个"功夫活"，但直升机不仅仅有降落，它还应该有上升或者说爬升飞行，这是它的重要功能。那么，直升机的升与降操控原理是什么呢？很多人都说，直升机于垂直方向上的升降，是以改变主螺旋桨的转速为前提的。这点没错，方法简单，操控给力，但这仅仅是所有升降手段的一种。因为很早以前，直升机的设计师们就明白，如果单单靠提升主螺旋桨输出功率，往往会无形中加大整体机身的负荷。

因此，要使直升机安全平稳地升降，就必须另辟蹊径。当前比较统一的方法是在保持主螺旋桨转速一定的情况下，依靠改变主螺旋桨桨叶的倾角来调整机身升力的大小，而完成这项操作，驾驶员只需保持总距杆的稳定。当把总距杆向上提时，主螺旋桨的桨叶倾角增大，直升机上升；反之，直升机下降。如将总距杆置于中间位置，直升机就会在正常高度飞行。

总体来说，直升机操控过程中的每一个动作都需要上述基本控制系统的共同

➢ 直升机在倾斜的船上降落

发力与"精诚合作"。比如直升机的起飞，一般是先启动主螺旋桨，让飞机垂直升起到1.5米左右的高度，然后一边加大主螺旋桨的桨叶倾角以实现快速爬升，一边使主螺旋桨向前倾斜以提高飞行速度。随着主螺旋桨功率的不断增加，操作中往往还要对尾螺旋桨的功率进行合理调整，以使直升机处于直线飞行状态。可以说直升机在飞行中的每时每刻都贯穿着数个力的平衡与失衡，看似简单的直升机操作，细节实在太多，绝非手到擒来。

双旋翼直升机

与单旋翼直升机不同，所谓的双旋翼直升机，应该说是一个笼统的概念，因为这类直升机，不仅指上面所说的普通单旋翼直升机，还包含了共轴式、交叉式、横列式（含交叉双旋翼和倾转式旋翼机）、纵列式等多种形态。为更清晰地了解这类直升机的全貌，我们一一做如下介绍。

1. 双旋翼共轴式直升机

双旋翼共轴式直升机是一种同轴反转设计，并采用双发动机的飞行器，它主要是通过差动减速器来使两根旋翼轴（一根旋翼轴套在另一根旋翼轴中间），从而带动上、下两个旋翼按相反的方向旋转，两旋翼间有一定间距，它们的反扭矩可以互相抵消。这样，就用不着再装尾桨了。

有资料显示，这种设计，美、法等国在第二次世界大战之后曾做过尝试，但都因构造复杂而放弃。1948年，民国政府时期的航空专家朱家仁也设计过类似构造的直升机蜂鸟乙型，但因为没有试飞，现在已经无法确定这种直升机的存在。

事实上，在共轴式直升机的研发上俄罗斯是比较成功的，他们研制出了庞大的"卡"系列直升机，如卡-26、卡-226等，而卡-25还曾被确定为舰载反潜直升机的主力；另外，战斗直升机卡-50、卡-52等更是在直升机的发展史上留下浓墨重彩的一笔。但双旋翼共轴式直升机的缺点也是众说纷纭，具体分歧在于：

一是共轴旋翼的上、下旋翼之间存在气动干扰现象，会明显降低旋翼的气动效率，此外，它的桨毂在高速飞行时也易产生较强的气动阻力，不仅会增加高速飞行时直升机的废阻功率，而且存在安全隐患。

二是共轴直升机的迎角不稳定性突出，机身长度又小于直升机，因此它的平尾面积明显大于常规直升机。同时由于共轴直升机的航向控制一般依靠总距差动，因此其航向稳定性也不理想。还有，一般共轴直升机的垂尾总面积一般都大

➢ 双旋翼共轴式直升机

于常规直升机，而大平尾和大垂尾往往极易导致废阻功率的增加，降低直升机性能。

三是共轴直升机桨毂的设计复杂程度远高于常规直升机，这必然对桨毂结构的稳定性提出了更高的设计与制造要求。

相对于常规直升机而言，共轴直升机的好处主要体现在节约占地面积上，优劣相抵。所以有人说，共轴直升机根本搞不赢常规直升机。当然，这类直升机性能到底怎样，至今没有定论，只能留待大众评说了。

2.双旋翼交叉式直升机

双旋翼交叉式直升机是一种装有两副完全一样，但旋转方向相反旋翼的直升机，除与其他双旋翼直升机的设计理念相同外，其最明显的特点是两个旋翼轴并不平行，不仅分别向外侧倾斜，而且横向轴距较小，所以两副旋翼在机体上方呈交叉状，一起飞时两个旋翼仿佛要"干"仗一般，似乎要把对方直接拍在沙滩上。

由于采用的是交叉双旋翼，所以具备良好的操作稳定性和飞行安全性。它最大的特点是力量大、效率高，对部队装具的起吊、运输十分有利，尤其是大重件物资、武器的转运功效明显。

20世纪50年代，美国航空航天系统制造商卡曼公司，就研制过双旋翼交叉式直升机K-600（军用编号为H-43）。在以后漫长的40多年里，双旋翼交叉式直升机似乎销声匿迹了。直到90年代初，卡曼公司瞧准了民用直升机还缺少专门用于吊挂作业的直升机，于是研制了双旋翼交叉式直升机K-MAX"空中卡车"。该机于1991年首次飞行，1994年开始交付使用，主要用于森林地区的木材运输。

双旋翼交叉式直升机最明显的缺点，是由于采用双旋翼横向布局，易造成气动阻力增加。同时因为这种双旋翼交叉分布的两旋翼轴间距离较小，因此，它的气动阻力一般要比双旋翼横列式直升机小。

➤ 双旋翼交叉式直升机

3. 双旋翼横列式直升机

双旋翼横列式直升机是指两副旋翼横向分别安装在机身两侧的两个支架上的直升机。这种结构的两副旋翼基本相同，唯一不同的是旋转的方向正好相反，这样便相互抵消了机翼在旋转时产生的反作用力。

该型直升机的突出优势在于平衡性好，受力均匀，安全性较强。但它的劣势也十分明显，就是操纵相对复杂，尤其是在机身两侧增装的旋翼支架，不仅加大了气动阻力，同时也无形中增加了机体自身重量，进而对装载、作战和侦察行动等带来阻碍。

总体来看，这类直升机因为其缺点过于明显，因此数量不多，还是在苏联时期，米里设计局20世纪60年代曾研发过一款世界上最大的，两侧旋翼直径为35

米，机身长37米，最大起飞重量105吨的米–12双旋翼横列式直升机。尽管该机的最大平飞速度达到了260千米/时，但也仅仅才试制了4架原型便没了下文。

4. 双旋翼纵列式直升机

双旋翼纵列式直升机是指具有两副沿机体纵向前后排列并相逆旋转的旋翼的直升机。

该型直升机机身前后各有一个旋翼塔座，两副旋翼分别安装在两个塔座上，与双旋翼横列式直升机结构一样，它的两幅旋翼也没有区别，只是旋转方向相反，以平衡它们之间在旋转时产生的反作用扭矩。

双旋翼纵列式直升机的最大好处是纵向的重心范围大，这样就可以让机身的空间绰绰有余，无形中增加了它的装载能力，因此，我们现在看到的这类直升机通常为大型或中型。

比如在越南战争初期，美国曾大量使用过的CH–47直升机，除了运送兵员、军需和给养，还担负大型军备物资的长途运输任务，可谓名声在外。

优点十分傲娇，但缺点也很明显。首先是结构太过复杂，不便维修养护；其次是哥俩不和，在飞行时前旋翼尾涡对后旋翼会产生气动干扰，造成后旋翼常常处于十分尴尬的气动环境中，以致为降低两兄弟之间前尾涡对后旋翼的气动干扰，不得不对设计进行优化，抬高后旋翼"地位"，形成兄矮弟高的阶梯形态；另外，该型直升机的俯仰惯性和旋转惯性过大，机身气动力矩不稳定，偏航操纵效率较低。

➢ 双旋翼纵列式直升机

第三章

直升机的广泛应用

Chap.3

　　作为战场狙击手的直升机，在前线是把利剑，在后方更是一把好手。仅就目前我们看到的，除了对坦克、装甲战车等目标产生绝对杀伤，对地面人员形成有效攻击之外，其应用领域早已扩展到登陆、救护、武器运输、战场侦察等各个方面。本章将对此作详细介绍。

无处不在的直升机

作为军事装备的中坚力量，以及人类航空技术发明、创造的最新成果，直升机有着许多其他飞行器无法比拟的优势，它不仅打开了人们的思路，同时也极大地拓展了飞行器的应用范围。除了在军队、公共事业中，也在民众生产、生活等方面大显身手，可以说，现在直升机的运用无处不在，早已遍地开花。

1.直升机的运用

随着新的科学技术进步和应用的逐步成熟，直升机垂直起降和空中悬停等独特优势，让它能够更好地在车辆及其他机械交通工具无法到达的区域执行任务，并迅速向集成化、专业化方向迈进。除了通用直升机，很多国家还别出心裁地生产出了运输型、武装型、救护型、搜救型、反潜型、警用型、高原型等各类专用直升机，为物资及人员转运、搜救救护救援、空中观光与游览、航拍和物探、吊运吊装、防火与救火、警用警戒、巡逻巡线等工作提供了先决条件。尤其是美、俄、欧等国家和地区，早已把直升机作为战略产业，国家大力支持，产品不断更新，技术不断提高。据统计，发达地区通用飞机与客运飞机

➤ 参加救援行动的直升机

的应用量比例是5—6倍的关系。

民用如此，在军事上，直升机的用途更是花样翻新，从战场投放、敌后侦察与渗透，到战略物资运输与作战人员输送等，其身影遍布所有战场。可以说，现代战争，没有武装直升机的参与是不可想象的。

武装直升机具有机动灵活、反应迅速，适于低空、超低空抵近攻击，能在运动和悬停状态开火等特点，配备不同的装置，可执行多种演练及作战任务。

前面我们说过，直升机的诞生经历了无数的风风雨雨，终于在20世纪30年代末期，在法国、德国、美国和苏联试飞成功，并迅速改进达到了能实用的程度。

由于直升机诞生前后正值战争烽火蔓延，而且不久就爆发了第二次世界大战，有人就想把直升机用到战争中去。例如德国的"龙"式直升机加装了机枪，但由于技术不成熟，该机并没有投入战斗。只有美军将少量R4直升机配备到航空母舰上，用于救护落水的飞行员，这可以说是直升机最开始的主要用途了。

而真正意义上的武装直升机运用，还要追溯到20世纪50年代初期的朝鲜战争，这场战争应是直升机最早成规模投入军事应用的首例。当时的美国陆、海、空基本都装备了直升机，作用主要是抢救飞行员、运送伤员并输送武器、弹药、器材和给养，后来又配合地面部队作战，用于运送战斗分队到预定地点、营救被

➤ 直升机的通用化

围困的分队、校正炮兵射击、进行空中侦察和引导作战飞机攻击等。

2.直升机的打击对象

直升机的实际作战样式除了打击对象是地面的各种装甲车辆以外，又延伸为对坦克、步战车、装甲输送车、侦察指挥车的打击，近距离火力支援攻击地面敌方有生力量、防御工事、阵地、武器装备和军事设施等。当然，魔高一尺，道高一丈，鉴于直升机对战场人员、阵地和装备的巨大威胁，战争双方也琢磨出不少对付直升机的有效方法，如高空歼击机、低空的炮火（高射炮、高射机枪）、便携式防空导弹等。尽管直升机的战场生存环境日趋严峻，但各国军队对直升机依然青睐有加。

3.直升机的作战任务

从近年来发生的几次局部战争看，虽然有风险，但赋予直升机部队的作战任务不降反升。除了实施空中火力攻击，特别是反坦克和反潜作战、机降作战和保障战场兵力、兵器机动、运送物资及人员、救运伤员、战场抢修、救援等一般的作战行动，还兼任了空中巡逻、侦察、警戒、护航、与敌机空战、配合其他兵器夺取战场超低空优势、快速布雷、扫雷、在障碍物中开辟通道、实施空中指挥、

➤ 正在舰艇甲板起降的直升机

➤ 武装侦察直升机

通信、电子对抗、校射等全新的作战职能。

应该说，自20世纪60年代以来，以直升机为主战装备的陆军航空兵在历次战争、大规模武装冲突以及特种军事行动中都做出了突出贡献。以在战争中直升机损失最为严重的越南战争为例，1961—1973年美军投入的直升机就损失了4868架，但如此庞大的战损，不但没令美军歇手，相反继续加码，乐此不疲，难怪战后有人把越南战争比喻为"直升机绞杀战"。可见，对美国人来说，直升机对他们的重要性是非常大的。

不仅如此，好战的美国大兵在2003年2月到2005年10月，又展开"持久自由"和"伊拉克自由"两次直升机作战行动，期间共战斗飞行87.55万小时，这样的飞行强度，连其他美军如空军、海军陆战队等兵种都自叹不如。

通过美军对直升机的运用可知，直升机在未来很长一段时间内仍将作为各类

➤ 武装侦察直升机

战场的突击力量，在联合作战的兵力调配中发挥重要作用，充当无处不在的战场狙击手角色。

武装侦察

武装侦察直升机，其英文缩写为ARH。和侦察兵一样，武装侦察直升机专施侦察任务，但兼具部分空战或对地攻击能力。该型直升机武器载荷通常不大，携带一定数量的空战及反坦克导弹等，它的最大起飞重量同样小巧玲珑，机型在6吨以下，一般采用双人机组，特殊情况下，也具备必要的载员能力。

武装侦察直升机作为直升机家族的后起之秀，其诞生与发展除了技术进步，更重要的是战场形态的影响和作战环境的复杂，所谓吃一堑，长一智。

1.武装直升机的发端

和上节一样，武装侦察直升机也发端于越南战争时期，当时的美国陆军，在高热高湿的茂密丛林中，不仅行军困难，而且目标神出鬼没，部队作战只能用疲于奔命来形容。这样的状况，对养尊处优的美国大兵来说显然是要命的。而当时的情况是美军所装备的基本上属传统的固定翼飞机，这样的飞机根本无法解地面部队之苦。为此，身处窘境的美军急需获得一款既能执行低空侦察任务，又能够兼顾对地攻击的多用途直升机。

看到前线吃紧，五角大楼自然是心如刀绞，他们立即行动。起初经过研究，打算将原休斯敦公司代号为369，也就是后来麦道公司代号为MD500/530的防御者——轻型观察直升机（并获得军方编号为OH-6的"印第安小马"）简单加装重机枪，使其具备一定火力支援能力，但效果并不理想。

情况虽然不乐观，但战事不等人，不行也得行，最终五角大楼依然选择了这匹"印第安小马"。1968年初，经过改装的OH-6A被正式投入越南战场，配属于师、团、营级单位，以取代之前老式的OH-13和OH-23轻型观察直升机，执行观测、指挥、侦察、捕获目标、掩护、转运作战人员，同时开展小股目标的搜索与打击等任务。

虽说整个越南战争，OH-6A的改装系统并没有完全发挥出侦察和攻击作战的能力，甚至有时候造成顾此失彼的结果，但其小、快、灵的特色还算独特，效率也还说得过去，它常常低飞发现目标后以彩烟作标记，呼叫己方火力展开攻击。

➢ 新型武装侦察直升机

越战之后，美国陆军把武装侦察直升机列为优先发展目标。鉴于1969年出品的OH-58A直升机的战场表现不尽人意，贝尔公司于20世纪80年代初将该系列直升机改进后增强了侦察和火力支援能力，并重新命名为OH-58D"基奥瓦勇士"（Kiowa）。这款直升机不仅是攻击直升机、固定翼飞机和末制导炮弹等武器校射支援的有力补充，而且是直接用机载武器攻击地面防御工事、战斗人员和装甲车辆的突击力量。

2."冷战"较劲

所谓世态炎凉。不久，美苏冷战步入高潮，里根政府为了对抗苏联及其华约集团大规模坦克集群，又斥资近四百亿美元，委托波音公司和西科斯基公司研制代号为RAH-66"科曼奇"的专用武装侦察直升机。结果其研发过程开局不利，最后于2004年初束之高阁。

被打入冷宫的"科曼奇"计划，让原本已经力有不逮的OH-58D不得不延迟"退休"，勉为其难地继续充当美陆军中的"守望者"角色。后来，美国陆军军械司令部拟出一份详细报告说，如果再不拿出切实可行的解决方案替代日显苍老的OH-58D，伴随着"基奥瓦勇士"陆续光荣退役，未来10—15年美国陆军将无武装侦察直升机可用。

在这种情况下，美国陆军于2004年底，正式招标新型武装侦察直升机，并要求新机必须具备对地攻击、战场侦察、特种作战和执行敌后穿插任务的能力。同时建议，新型ARH最好利用现有机型的机体加以改装，尤其是"科曼奇"早已验证过的优势，以节约成本和降低风险。此外美国陆军还强调其部署能力，建议其尺寸最好能保证C-130运输机的运输，且每次可运输2架。此外，美国陆军还要求新的ARH从战斗状态到运输状态的展开时间不超一刻钟……条件之苛刻，令几家制造商十分紧张。

美国陆军对新型ARH的要求在波音公司和贝尔直升机公司看来还算能接受，两个公司分别拟定了自己的方案参加竞争。贝尔公司听话，先按要求在民用型贝尔407的基础上搞出了自己的型号；而波音公司则另辟蹊径，完全以OH-6为参考，搞出了一款MH-6M"雏鸟"改进型武装侦察直升机。

两项方案经过比较，贝尔的407ARH最终打动了美国陆军的"芳心"。为保证项目顺利实施，美国议会同意在2006至2013财年，拨款22亿美元用于生产368架，以替代"老古董"OH-58D。现在，贝尔的407ARH已被美军方命名为RAH-70。

随着RAH-70获选为美国陆军下一代武装侦察直升机，一直深处两霸相争环

➤ 武装侦察直升机

境的俄罗斯也不甘寂寞，其喀山直升机公司不久也在面向亚洲和非洲12国的产品展示会上爆料，其研制的轻型武装侦察直升机安塞特-2RT也将振翅蓝天。安塞特-2RT是在民用型安塞特轻型直升机的基础上衍生而来的一种战斗侦察机，名为"安塞特观察者"。该机最初的用途是监测天然气和石油的泄漏等突发事故，后来，见美国人捷足先登，同时也是基于这种机型在军事上的巨大潜力，所以才有了安塞特-2RT的高调亮相。然而，因为现在的俄罗斯和苏联时期的陆军航空兵基本没有使用专用武装侦察直升机的嗜好，因此安塞特-2RT的寿命是否长久还不好说。

总体来说，美国的RAH-70的机体结构基本沿用了贝尔之前的206L-4的机身，这也让RAH-70和206L"远程突击队员"比起来如出一辙。长相虽然差不多，但"整容"面积着实不小。

首先是增加了17.8厘米驾驶舱所在机身段的宽度，同时对尾梁上的垂直安定面也做了放大处理，这一改动自然使驾驶舱的窗口区域面积无形中增加35%，保证了座舱内的2名驾驶员和3名乘员乘坐的舒适与操作的方便。

其次，作为一款新型武装侦察直升机，RAH-70还摒弃了老式的LCD显示器，以先进的有源矩阵LCD座舱显示器加以更新。还有RAH-70直接采用复合材料制成的OH-58D的四叶主旋翼，并在旋翼根部安装支架隔离系统，以确保每分钟转速不低于413转。此外，RAH-70的机头还安装了可容纳侦察设备的旋转吊舱，这个整改，让它看起来十分独特，而在贝尔原来的407身上根本看不到这样的装置。

与美军的RAH-70一样，安塞特-2RT的机体结构也跟俄罗斯的其他几种直升机长相雷同，其吸收借鉴成功经验的痕迹十分明显。尽管如此，安塞特-2RT不仅整体设计结构得到优化，而且在战场生存、空气动力等性能上煞费苦心。与美国的407ARH不同之处在于安塞特-2RT的机身基本不用复合材料，而完全以铝合金材料制成。它的发动机被安装在座舱的后部，主旋翼有四片，转速每分钟为365转，尾旋翼有两片。无铰链的主旋翼连着玻璃纤维制成的扭力杆，尾梁的末端有两片固定式水平短尾翼，短尾翼末端则各自附带一片垂直安定面。其驾驶舱采用串列双座，前座为飞行员，后座为武器和侦察设备操作员。

需要说明的是，俄罗斯的安塞特-2RT是全球第一款配置减震座椅的直升机，这为机上乘员提供了良好的安全保证，即便飞机坠毁，乘员也能依靠其减震装置减少冲击力，提高生存率。

机降作战

直升机的垂直起落、空中悬停、舱外吊运和定点回转优势无须赘言，而其与固定翼飞机相比，能高灵活地贴地机动飞行，虽起步较晚，发展却异常迅速，尤其是围绕直升机展开的行动样式可谓日新月异，一泻千里，这其中就包括被称为"天外奇兵"的机降作战。

1.何为机降作战

严格讲，直升机的机降作战应该叫作机降突击、空中机动作战，它不是单一的作战模式，而是通过直升机将兵员、武器装备投送至敌侧翼或后方的重要据点、战术目标区域，形成后方开花战略态势的一种作战方式。此方式易从心理上给敌方造成压力，并从整体上削弱敌军战斗力；或者是抢占有利地形，瓦解敌作战部署。

2.机降作战的运用

最早的直升机机降作战发生在1953年的朝鲜战争期间，当时的美军在旺方山战斗中，为配合正面攻击部队夺取了阵地，第一次分两批将20余人的机动分队以直升机运送的方式送入作战区域，此后，美军以直升机输送人员和弹药到达各种复杂地域的行动逐步增多。其成功的直升机机降作战模式也令人耳目一新，不少国家纷纷效仿。到第二次中东战争的时候，英法联军这些老牌的资本主义国家更是依葫芦画瓢，把这一战术手段运用得滚瓜烂熟。

到了20世纪60年代，我们所知道的英阿马岛战争、两伊战争、阿富汗战争以及海湾战争，都出现了直升机机降作战案例，使直升机机降战术不断推陈出新。尤其是这一时期发生在越南的机降作战故事，更是成为不少人津津乐道的样板。

3. 机降作战案例

越南战争爆发后的1961年底，南越民族解放阵线在北越支持下广泛开展抗美游击战争。

1965年3月，美军部队进入南越作战，随后战争升级。当年10月初，北越军在靠近越柬边境的朱邦山计划秘密夺取波来梅。不久进攻开始，南越军队被围，直到增援部队在美军武装直升机和坦克的掩护下，才稳住阵脚。而此时的北越部队见久攻不下，也沿德浪河谷撤退。

战至11月中旬，北越军卷土重来，他们再次突然包围波来梅。而此时的美军却搭乘直升机长途奔袭北越军设在朱邦山南下的指挥部。当时作为先头部队的美军第七骑兵团第一营可谓是从天而降，打得北越守军丢盔弃甲。见此情景，围攻波来梅的北越部队急速回援。他们凭借人数优势，对围困北越军指挥部的美军

➤ 美军机降作战行动

➤ 直升机海上机降

第一骑兵营实施反包围。面对攻势如潮、数倍于己的北越军队，美军第一骑兵营450余人为此以命相搏，战斗异常惨烈。

在此期间，美军为给被围第一骑兵营提供炮火支援，先后机降了两个炮连；第三骑兵旅甚至倾其所有，出动了所有"易洛魁"武装直升机。这种号称"空中火箭炮"的武装直升机悬停在第一营阵地上空，只要北越军一靠近阵地，就会遭到直升机上火箭弹和机枪等武器的疯狂射击。

在这场你死我活的围困战中，第一骑兵营在空军的B-52轰炸机和F-4"鬼怪"战斗机掩护下，死里逃生，突出重围；而北越军也在半个月后的11月28日放弃了攻占波来梅的战术意图。

多年以后，当时无法"解套"的美第一骑兵营营长摩尔少校仍心有余悸："我十分敬佩那些直升机驾驶员，他们就是我们的救星。要是没有他们，我们恐怕早就完蛋了。"

由此可见，直升机机降作战的确给作战部队带来不少变化，既增添了信心，又改变了战争形态。

4.直升机机降作战的内容

直升机机降作战讲求突然性、隐蔽性，因此，其运用方式也会按实际需要展开。总体上，这样的方式有以下几种：

（1）突击和进攻。该方式重点突出进攻，以迅雷不及掩耳之势，配合总体战略部署采取行动。该方式要求部队大胆展开、大胆穿插、大胆突击，以形成强大的攻击效果。有资料显示，俄国正准备以米-26"光环"重型运输直升机为载具打造自己全新的作战单位：直升机-空降突击排。

（2）纵深攻击。该方式讲求大纵深（100千米以上）、强兵力（一般不少于一个建制团），在正面突击受阻或者无法达成战役目标的前提下采用，以造成地方首尾难顾的效果。1990年8月，美军就在海湾战争中以空降纵深攻击的方式，将第十八军投送至伊军侧后200千米左右区域，为突破幼发拉底河谷防线起到至关重要的作用。

（3）垂直登陆。此方式多用于跨海登陆作战行动，是在海面行动目标大、易造成重大人员伤亡和装备损失的前提下采取的一种极具隐蔽性和突然性的突击样式。如1982年4—6月的马岛战役中，英军先后三次将自己的特种空勤团、陆战突击营等兵力空降到马岛。而对此作战手段烂熟于心的美军更是多次运用，如1983年10月入侵格林纳达、1994年7月攻占海地太子港等。这些行动均极大地影响了战争进程。

（4）机降防御。这是一种配合总体防御行动的作战样式，讲究卡点、夺隘和堵漏，即攻取关键节点、抢占战略要地、阻击逃窜之敌，以保证主力展开和完成最终胜利。如1940年4月，德军以机降方式攻占关键战役节点丹麦奥尔堡机场；同年5月利用滑翔机投送部队抢夺埃本埃马要塞等行动，都对全局带来重大影响。

（5）机降营救。这是一种在被动条件下采取的作战方式。讲求隐蔽突然、小群精干、行动迅猛、快速撤返。所谓兵不厌诈，在行动开始前施展各种瞒天过海的欺骗手段，麻痹和引诱对方，从明修栈道开始，以暗度陈仓结束，一切以达成营救目的为原则。如1976年7月以色列派出17架飞机，奔袭4000多千米，对被劫持于乌干达恩德培机场的一百多名人质展开营救行动，最后大获全胜并引起轰动。

当然，机降营救具有极大的危险性，一旦计划不周或者出现其他意外，就会前功尽弃甚至造成更大伤亡。如1980年4月底，美军"三角洲"部队为解救驻伊朗大使馆53名人质的行动，派出14架飞机（8架"海马"RH-53D直升机、6架C-130运输机）和近百名突击队员。但没想到遭遇沙尘暴天气，期间多架直升机出现故障，后撤时又发生两机相撞事故，造成8死4伤的惨剧，此行动最终以失败告终。

电子对抗

我们通常所说的电子对抗，也称"电子战"或"电子斗争"，这种作战样式一般是指敌对双方利用电子技术展开攻防过程，达到"杀人于无形"的目的。而以武装直升机为载体进行电子战的方案早就成为未来战争的发展趋势。

电子战案例

据报道，2019年4月16日，一架印度"云雀Ⅲ"型直升机在阿拉伯海执行任务时发生故障，瞬间坠毁于该海域，造成机组人员失联，飞机沉入海底的严重后果。针对这次坠机事故，印度始终怀疑遭到来自巴基斯坦的电子战攻击。理由是，巴方有一套专门为"云雀Ⅲ"型直升机量身定做的电子战攻击系统。印方因找不到巴方实施攻击的证据只能哑巴吃黄连三缄其口。而外界普遍认为不排除电子战影响。但也有人觉得，像"云雀Ⅲ"型这种服役多年的老弱病残飞机，本就故障缠身，坠毁应是早晚的事。而印度业内人士坚持认为，还是由于"云雀Ⅲ"缺乏抗电子攻击能力才导致这样的结果。因为明知这是印度的"胡搅蛮缠"，巴方也不愿多加理睬，毕竟这种无头案越抹越黑，说得越多，事情就越复杂，因此，这次事故只能不了了之。

抛开这次坠机事故的具体原因不说，电子战的阴影始终是横亘于很多人心中抹不去的阴霾，而这种崭新的攻击手段也给直升机的飞行安全敲响了警钟。

➤ 电子对抗侦察机

自电子信息技术加入作战行动以来，直升机始终面临着电子干扰和激光、红外、雷达等制导导弹以及示踪弹药之类武器的威胁。而当今世界，受技术条件制约，仍有很多直升机要么没有安装电子自卫装备，要么安装了但防御能力欠佳。因此，电子对抗成为直升机不得不考虑的应用领域。

事实上，早在1944年6月，盟军就在诺曼底登陆战役中率先运用了各种电子对抗手段，给德军造成巨大损失，也对登陆战胜利起到关键作用。20世纪60年代后，电子对抗技术，特别是直升机机载电子干扰系统，更是在对付高空侦察飞机和干扰防空导弹制导系统方面成为众多国家追崇的战争手段。

现代电子战直升机一般装有专业的电子战设备，以执行对敌雷达和通信系统进行电子对抗任务。它通常由通用运输直升机改装而成。机上装有偶极天线阵、电子干扰设备等，以截获、监控和干扰敌方的战场通信。如美国的EH-60C电子对抗型直升机就是在UH-60A"黑鹰"直升机基础上加装了迅速定位的ⅡB电子干扰设备，俄罗斯的米-8PP（电子对抗型）直升机在机身两侧的矩形容器内装电子战设备和6个"十"字形偶极天线阵。

大体而言，直升机电子对抗主要分五个方面：

（1）电子对抗侦察

电子对抗侦察又称电子支援措施。是用高灵敏度的探测系统搜索和截获敌方电磁辐射信号或声呐信号，经过分析、识别、锁定等措施，收获敌方电子技术参数、位置等情报，为后续展开电子反击、电子防御和摧毁辐射源进行的一种对抗手段。

（2）电子干扰

电子干扰就是通过人为的辐射手段以及转发电磁波（声波）的方法，制造假的回波信号或者吸收电磁波，以欺骗或扰乱敌方电子设备，使其无法辨明真假甚至失去效能的一种电子对抗手段。

（3）电子防御

直升机作为一种能够垂直起降贴地飞行的飞行器，尽管方便灵活、不受地形限制，但在现代作战条件下，它所面临的威胁与日俱增，因此，为提高直升机打赢本领，在增强直升机抗实弹攻击能力的前提下，必须做好电子防御准备构筑。目前，全球采取的措施不外乎两点，一是降低直升机红外辐射和雷达反射面积，同时加装电子对抗设备，采用欺骗、干扰手段进行有效的应对；二是采取各种电子技术手段，保护机载电子设备安全，具体方法是：

扩展频谱技术：利用扩频技术对自己的电子设备进行波形设计。

自适应天线技术：自适应地控制天线方向图，使其主波瓣指向所需信号，而将方向图的零值点对准各干扰源方向。

➤ 电子防御

（4）机载自卫系统

机载自卫系统是兼有机载警戒和干扰功能的综合电子战系统。具体方法是通过加装电磁波和红外线警戒接收机对敌方来袭信号进行干预，这是现代直升机以及不少战斗机、轰炸机用以挫败敌方电子设备，突破敌方防御的通用做法。目的

➤ 电子对抗直升机

就是通过主动制造各种噪声调制干扰源，欺骗敌方转发器，或者以红外诱饵弹投放器实施反干扰，以综合手段赢得电子信息的可控性、安全性。

（5）弹载突防系统

作为直升机电子战重要手段之一，弹载突防系统是展示干扰、欺骗和隐蔽等多种手段的综合电子系统。方法是为突破敌方反弹道导弹防御系统，通过机载导弹或按程序连续投放箔条和充气金属化气球，造成虚假多目标，形成干扰走廊，从而使反弹道导弹防御系统饱和，进而丧失防御目标。

综上所述，高技术的应用，使电子信息、技术设备广泛地应用到各种武器设备中。武器的先进程度主要决定于其电子系统是不是先进。在以往的战争中，电子信息技术只是作为一种支援保障手段，而现在，由于电子武器得到了长足的发展，使现代战争的各种作战行动都伴随着电子战。这些都对更新武装直升机的作战样式提出了更高要求。

空中救护车

有战争就会有伤亡，有伤亡就需要有救助。在战场救治上，作为一种不受地域、机场跑道和飞行条件限制的飞行器——直升机，除了身兼对陆攻击、人员物资转运、战场通信指挥等任务外，它所具有的良好战场救护价值，始终受到各国的重视，并因此赢得"空中救护车"的美誉。

1. 朝鲜战争中的空中救护

发生在20世纪50年代的朝鲜战争中，美军就将直升机的救护作用发挥到了极致。当时，美军用贝尔公司（现已改为达信集团贝尔直升机公司）于1941年研制、1943年试飞成功的贝尔-47直升机进行了大量的伤病员转运工作。当时的贝尔-47十分简陋和粗糙：一台仅208马力的VO-435-A1B6汽缸发动机，一副机身长9米、身高不到3米的身子骨，让人一看就是个玩具样的货色，但就是这样一架谁都瞧不起的小不点，却成了朝鲜战场上美军官兵的最爱。

严格地讲，贝尔-47直升机最初并非军方订购产品，而是作为一种民用直升机研制的。但随着战事的吃紧、伤病员增加，考虑到其机舱正好可以放置2副担架，且机动性好、造价低廉，又是全美第一架也是世界上第一架获得适航证的直升机，所以美军直接采购并加装了两挺7.62毫米机枪后，便作为战地救护机送上了战场。

➤ 待机状态的救护直升机

➢ 空中救护

很快，贝尔-47直升机的独特性能便得到印证。它不仅能穿梭于部队之间进行人员弹药的转运，而且也能直接飞进交战热点地区，在几分钟内将前线受伤士兵带离战场，并以每小时169千米的速度将他们送至后方陆军野战医院。

据美军统计，在整个朝鲜战场上，大约有22900名奄奄一息的伤员被送至野战医院救治，而在如此庞大的伤员中，竟有接近20000人是通过贝尔-47直升机转运的。为此，战后许多死里逃生的美军官兵都要求为贝尔-47直升机生产厂家请功，并送上了自己的军功章或纪念章，以示对这款救命的直升机的褒奖。

事实上，在朝鲜战场除了贝尔-47直升机外，美军早期使用的直升机还有H-5。1950年7月该直升机分遣队就前往大邱，将受伤"盟军"伤员送往釜山、密阳的第八集团军的医院。

不过H-5仅能搭载2名乘员，其后投入的H-19除了乘坐1名驾驶员和1名医护人员外，可载10名乘员或7副担架。最早到朝鲜的H-19是海军陆战队的HRS-1，1951年投入59架。

H-19"契卡索人"（Chickasaw）是H-5的替代型号，美国西科斯基公司研制，公司代号是S-55，1949年11月10日首飞，1950年开始服役。由于使用了镁制的蒙皮和铸件，1962年，美国军用飞机统一编号，该机型号统一为H-19。H-19

系列在西科斯基公司制造了超过1000架，授权韦斯特兰公司在英国生产了550架（代号"旋风"Whirlwind），法国东南飞机制造公司和日本三菱重工业公司也有授权生产。H-19于1969年退役，但仍有改装了涡轮轴发动机型号的直升机在国民警卫队服役。

1953年美军空降兵一八七团在汶山作战，遭到志愿军和人民军的猛烈打击，H-19和H-5在3月24日和25日共出动77架次，从空降场救出148名受伤的伞兵，有2架直升机此次被击中。

从这时起贝尔-47才成为正牌的美军前线救援直升机。战后，作为一款轻型直升机，贝尔-47被美军统一型号为H-13。其中H-13"苏族"系列除了贝尔，还授权阿古斯塔、川崎重工、韦斯特兰公司生产，总产量达到5000多架，是当时广泛应用的救援机型，其改型最后一批服役到20世纪80年代初。

有资料显示，在整个朝鲜战争期间，美军以直升机运送救护伤员接近3万人，这样的救护方式让美军伤员的死亡率由第二次世界大战时的4.5%下降到当时的2.5%，这虽然与医疗技术的完善和提高有一定关系，但直升机的快捷救护依然功不可没。

应该说，在战场上能否尽快地对伤员进行快速处理，决定着能否把染病率和死亡率减小到最低限度。

2.科索沃战争的零伤亡

除了朝鲜战争，美军在科索沃战争中基本实现了零伤亡；而在阿富汗战争中，美军多次战斗中的伤亡比率都是10∶1～20∶1（传统上这个数字一般都是5∶1左右）。

在战场伤员救治过程中，美军除依靠军用直升机外，还大量使用了民用飞机，如利用改进后的C-9运输机等。据美军统计，在2002年阿富汗作战中，曾有1352位伤病员是通过该机运送的。

美国如此，英国也不甘落后。有报道称，2016年，英国工程师开发出一台VR模拟器，模拟战区中的艰难工作，让随军医护人员提前体验战争现场。

目前世界上较先进的医疗救护型直升机有美国的UH-72A和意大利的阿古斯塔AB139。在我国，近年来直升机工业虽有所发展，但与发达国家相比还有一定的差距，医疗救护型直升机更是如此。

战场"挑夫"

"挑夫"一词，泛指为雇主搬运行李、货物之人。而在军用直升机领域，也有这样的"挑夫"，它就是运输直升机。

1. 全球运输直升机概况

目前，在全球各国的军队里，通过直升机来完成战场军力投送、物资转运已成为一种常态。如，美国的CH-53"海上种马"、法国的EC725、英国的AW-101等，都是战场"挑夫"式直升机的优秀代表。

当然，如果从吨位和能力大小来看的话，当今世界最大的运输直升机还要数Mi-26直升机，这是一款苏联生产的专业"挑夫"。一直以来它都以两个"最大"独占全球运输直升机鳌头，这就是最大载重（20吨）和最大起飞重量（50吨）。它不仅可以装载两辆10吨重坦克或战车，而且还能通过外部挂载运送更多军用车辆和战场急需弹药和医疗物资。有消息报道，其最新型号Mi-26M的有效载荷更是达到了惊人的25吨，可谓"挑夫中的挑夫"。

而下面要介绍的是美国另一款久负盛名的"劳动模范"，这就是大名鼎鼎的CH-47"支努干"重型运输直升机。

2. "劳动模范"CH-47"支努干"

CH-47有"飞行车厢"的别称，它是根据美陆军的战术要求而开发的一款专用"挑夫"式直升机。该机以机舱宽大、外部吊运能力突出见长。它于1958年立项，1961年首飞，次年加入美军序列。随后在长达14年的越南战争中一直以吊装大王的称号受到美军部队的赞誉，无论是车辆、轻型装甲车辆还是其他重装武器都能轻松转运。有资料显示，CH-47就曾在与北越游击队的战斗中，在24小时内将一个整建制的炮兵连队人员、装备，先后输送至20多处发射阵地，为美陆军的相关行动提供极大支持。

据美军统计，整个越战，先后有约700架CH-47"支努干"直升机投入战场，吊装、抢运被击落或有故障的飞机1.2万多架，装运各类急需战争物资1050万吨。

20世纪80年代，CH-47先后衍生出A、B、C、D四种型号。特别是1983年交付使用的D型已经改变了原型为中型运输直升机的形象，成为新一代的美陆军重型运输直升机。

➢ 运输直升机卸载中

随后，CH-47跟着其主人在世界各地频频衅事，如1983年10月的入侵格林纳达战争中，CH-47便作为美军重要的运送力量将数万名美军士兵转送至前线；1991年，初试牛刀的CH-47D在海湾战争第一天，就为地面部队运送了近60万升的燃料和大量的弹药、食物、水和M-19B榴弹炮；之后又在"沙漠盾牌"和"沙漠风暴"行动中，组成了10个直升机连投入战斗，成为美军最忙碌的机种之一。

➤ 运输直升机作业中

3.遭遇灭顶之灾的CH-47

当然，常在河边走哪有不湿鞋。2003年3月，伊拉克战争爆发后，美军照样派出CH-47"支努干"参战。年底的一天，两架正在执行运输任务的CH-47"支努干"直升机，飞抵巴格达西南费卢杰镇附近上空，此时机上正载着近60名因表现"英勇"而获准回家休假的美国大兵，机上一副祥和欢快的气氛。但是，就在这帮士兵得意忘形的时候，谁也没有想到，死神早已张开了魔爪。

多名肩扛萨姆-7导弹的伊拉克武装人员，已于10天前便隐蔽在了CH-47"支努干"经过的地域，当天可谓守株待兔。

很快，一阵红光闪过，两颗萨姆-7导弹直刺云霄，紧接着是"轰"的一声爆响，只见一架CH-47像个燃烧的火球直接栽到地面，跟着又是猛烈的爆炸声，地面泛起的浓烟直冲蓝天。另一架CH-47被这可怕的场景吓呆了，驾驶员一面加速飞离现场，以免遭遇同样厄运，一面向总部发出紧急求救呼号。

接到救助命令的美军多架"黑鹰"直升机迅速飞抵事发现场，然而，令他们沮丧的是，眼前除了一架已经断成多节的CH-47"支努干"外，剩下的就是一具具根本无法辨认身份的黑色焦尸。

CH-47的优异性能是不错，但"明枪易躲，暗箭难防"，今天的海外美军每天都处在极不安全的环境中，再优秀的武器装备也难以保证这些大兵们的生命安全。

直升机设计的标杆人物

第四章

Chap.4

　　从直升机横空出世至今，已走过一百多年的辉煌历程。期间，涌现出无数优秀机种的设计者和标杆人物，如直升机的发明者西科斯基、共轴反转双旋翼直升机鼻祖斯坦利·希勒、大型起重直升机的总设计师查尔斯·H.卡曼等。本章将为你逐一介绍这些为直升机的发展、创新做出突出贡献的佼佼者。

西科斯基：现代直升机之父

西科斯基，全名伊戈尔·伊万诺维奇·西科斯基（俄语：ИгорьИванович Сикорский，英语：Igor Ivanovich Sikorsky），1889年5月25日生于俄罗斯基辅（现为乌克兰首都）。世界著名的飞机和直升机设计师，他设计了世界上第一架四引擎飞机和第一种实用型直升机。

> 直升机之父：西科斯基

西科斯基的父亲是一位心理学教授，母亲为医生，他在家中五个孩子中排行老幺。

1903—1906年，西科斯基就读于圣彼得堡海军战争学院，之后一年前往巴黎学习工程学。1908年，西科斯基从基辅工业学院毕业，之后开始研制直升机，结果以失败告终。1909年，西科斯基在其姐姐的资助下，中断在基辅工学院的学习，再次来到巴黎学习空气动力学。在这里，他广泛接触飞行行业的专家、学者、试飞员等，其中就包括曾经第一个驾机飞越英吉利海峡的法国发明家路易斯·布莱里奥。经过短暂的学习，他回到家乡开始动手试制飞行器。

从1910至1912年，西科斯基一边摸索一边改进，多次遇到设计瓶颈，但仍矢志不渝，经过不断努力，终于设计并制造出代号为S-1，飞行高度达450米的小型飞机，该型号飞机一直发展到第六代即S-6型。1912年，西科斯基正式入职俄国波罗的海铁路车辆厂并获聘为首席工程师。两年后凭借其卓越的造诣获圣彼得堡工学院名誉工程学位。期间，S-6-B飞机被俄陆军采购。

但西科斯基仍不满足，继续作为首席工程师主持研发生产出世界首架四引擎飞机，该机于1913年年初出厂，5月中旬他亲自驾机试飞。这款被俄军命名为"伊里亚·穆罗梅茨"的飞机被作为重型轰炸机参加了第一次世界大战。该机乘员4—8人，能载炸弹400千克，这在当时是最大的载弹量了，机上还有8挺机枪。第一次世界大战爆发时，俄军派出4架"伊里亚·穆罗梅茨"投入作战，其中一

> 年轻时的西科斯基

架首次袭击了德国本土，并投下近300千克炸弹。至1917年十月革命俄国退出大战为止，"伊里亚·穆罗梅茨"共执行500次作战任务，投弹2000余枚。至1918年，俄国共生产了73架。西科斯基也因此被授予圣弗拉基米尔十字胸章。

此后，俄国内战频仍，加上一战结束后，欧洲大陆一片废墟。面对满目疮痍，西科斯基对欧洲飞机生产制造业失去信心。1919年，他远涉重洋前往美国，在这里，他从教师、助教一直做到大学讲师。1923年，在部分与他一样来到美国的俄罗斯军官资助下，西科斯基以自己的名字成立了"西科斯基航空工程公司"。

1928年，西科斯基加入美国国籍，第二年，他的工程公司被联合飞行器与运输公司（现联合技术公司）收购，成为其子公司。开始主要研制水上飞机和水陆两用飞机。1929年成功生产出S-38，成为美国早期的民航飞机的佼佼者之一。1935年，他们又成功研制出著名的S-42水上飞机（泛美快帆），并被泛美航空公司用于执行太平洋和跨大西洋飞行任务。而顺势生产的S-44还曾创下了飞越大西洋的最快纪录——14小时17分钟。

在此基础上，西科斯基开始转产研发直升机，这也可以说是西科斯基的老本行，因为还在祖籍俄罗斯期间，他就开始试制像直升机这种样式的航空器。1939年9月14日，经过多次改进、比较，定名为"沃特-西科斯基"的VS-300型直升机隆重亮相。1940年5月，西科斯基亲自驾驶这款直升机进行试飞并获得成功。

该机虽然称不上一款周全的直升机，但却是世界上第一款实用型单旋翼带尾桨布局的直升机。从此，西科斯基公司开始集中研制直升机。

1940年底，在VS-300基础上经过改型的VS-316受到美国陆军的青睐，随后

➤ 自转旋翼机

决定大量购买，同时给出军队编号：R-4，绰号"食蚜蝇"。

R-4（VS-316）直升机为单旋翼带尾桨结构，尾桨在尾斜梁左侧，旋翼和尾桨均为3片桨叶，后三点式起落架。该机采用双座布局，主翼直径11.58米，最大重量1152千克，使用一台185马力活塞发动机，巡航速度为109千米/时，航程为320千米，升限为1524米。它能垂直起降、悬停、前飞、后飞、侧飞以及无动力自转下降等，完全具备了现代直升机的飞行特点。

作为世界上第一款服役部队并参加了第二次世界大战的直升机，R-4（VS-316）在直升机发展历程中具有独特的地位和影响，尽管其服役时间不长，但它独特的设计理念、破天荒的尾桨配置等，都是前无古人的首创。

此后，西科斯基公司又先后研发出S-61"海王"、S-64、S-70"黑鹰"等一大批执行反潜、起重和运输任务的直升机，成为美军重要的直升机生产基地。

1972年10月26日，84岁高龄的西科斯基病逝于美国康涅狄格州伊顿市，走完了他不平凡的直升机探索之路。

斯坦利·希勒：共轴反转双旋翼直升机鼻祖

斯坦利·希勒是一个极富创造力和动手能力的工程师，他与大名鼎鼎的伊戈尔·西科斯基，以及弗兰克·皮亚塞茨基一起被视为美国直升机之父。希勒在15岁时就设计出自己的第一架旋翼机，并亲自驾驶成功首飞，其实在此之前他还从未驾驶过任何飞行器。

➤ 共轴反转双旋翼直升机鼻祖

我们都知道莱特兄弟，他们是20世纪最伟大的发明家，两人都出生在美国。1894年，奥托·里林达尔试飞滑翔机成功的消息使他们立志飞行。1896年，里林达尔试飞失事，促使他们把注意力集中在了飞机的平衡操纵上。他们认为，既然飞机靠空气的相对运动产生升力，那么在飞机还是静止的时候，使机翼动起来就可以产生升力，这便是旋翼。

旋翼的道理听起来简单，仿佛只要发动机一转旋翼就会产生升力，但很多人不明白，旋翼的反作用力也会很大，如果不做任何补偿，就会驱使机体向相反的方向转动。这样就可能造成旋翼和机体在空中打转转，想实现正常的飞行根本就不可能。

而西科斯基却较好地解决了这样的问题。他采用一个单独的尾桨提供反扭力，这样不仅可以制止机体的反向旋转，而且还保证尾桨消耗的功率用来产生正常的升力和推力，避免了无功消耗。这种通过共轴反转双桨消除反扭力的方式，还使两副旋翼都产生升力，可以说是对旋翼效率的开创性工作。实际上，一般的直升机在飞行时上下旋翼之间是有气动干扰的，所以，反转的双桨还在一定程度上消除了旋翼的振动，比单桨加尾桨的直升机的飞行要平稳得多。只是受当时条件的限制，两副旋翼不仅重量大、结构复杂，其迎风阻力也增加了很多。

不过希勒的工作依然具有划时代的意义，为此，美国陆军还特地给予希勒推迟征兵的待遇，目的就是能让希勒静下心来搞直升机的研究。

后来，希勒在伯克利加利福尼亚大学的纪念体育场里第一次试验了自己制造的XH-44，紧接着他又当着公众的面，在旧金山海边美国陆军航空兵的克里西机场外的大草地上进行了一次成功的试飞。在著名的金门大桥前，希勒设计的可以不用机场就能起飞的垂直着陆直升机给了美军极大的信心。

虽说与他齐名的西科斯基R-4抢了"世界第一种直升机"的风头并大量生产下线，希勒所设计的XH-44也不能进入批量生产，但他没有放弃，依然对直升机的改良、设计、制造等做了大量的工作。

20世纪50年代是喷气技术的萌发期，这也让希勒脑洞大开，他觉得，如果能将微型喷气发动机装到旋翼翼尖上，以喷气发动机的功率来推动旋翼旋转，这正是增加反扭力，进而取消沉重引擎、减速齿轮和传动轴的可选方案。

希勒没有用笨重昂贵的涡轮喷气发动机，而是采用简单小巧的冲压式喷气发动机。这种发动机要将空气先行压缩，然后再和燃油混合燃烧，膨胀后产生向后喷射的推力。而涡轮喷气发动机用涡轮驱动压缩机实现空气压缩，但在07发动机相对于空气高速运动时，空气的动压本身就可以产生足够的压缩，省却压缩机。

当然，冲压发动机也存在两个缺点：第一个是在静止状态无法工作，需要有外来动力推一把。第二个是飞行速度大幅度变化导致空气动压大幅度变化，严重影响发动机的工作。虽然后来希勒搞出了美国海、陆军都有浓厚兴趣的YH-32，且该机的试飞十分顺利，但接下来的问题让所有人都大吃一惊，YH-32机上配置的冲压发动机噪声实在是太大，还有一点就是，冲压发动机简直就是"油耗子"，最后，YH-32只好黯然下课。

回头看该型直升机被放弃的原因，全在于希勒太在意飞机的垂直起落，虽然该直升机具有固定翼不可能具备的很多独特优点，其升力和推力也均来源于

➤ 共轴反转双旋翼直升机

旋翼，但提不高的速度是"娘胎里"便固有的本质缺陷，当然美国军方也对直升机的这种痼疾十分清楚，只是在当时的情况下，初始阶段也不可能一下子都解决。

1959年后，美国陆、海、空三军联合提出了研制垂直/短距起落战术运输机的要求，为此希勒联合沃特、瑞安等多家公司共同搞出了一个设计方案，很快，他们的设计方案被接受，这便是著名的XC-142。可以说，该方案简直就是现代V-22的先驱。唯一的区别就是它的垂直起落并非通过倾转发动机，而是通过倾转机翼实现的。在平飞的状况下，机翼水平和普通的固定翼飞机相同；另外，在飞机垂直/短距起落时，机翼可以倾转到几近垂直的80°。因为机翼和发动机气流的方向一致，垂直起落时没有下洗气流部分受到机翼遮挡的问题，机翼也起到了理顺下洗气流的功效，至于"乱流"（又称"紊流"，是空气块的一种不规则运动）问题基本可以忽略不计。

不久，XC-142进行了成功的试飞，不仅做过常规的地面垂直/短距起落，还演示了在航母上的超短距起落，滑跑距离微乎其微。XC-142的平飞速度和同时

➤ 共轴反转双旋翼直升机

代的螺旋桨运输机相同，但具有良好的垂直/短距起落能力。不过为了保证垂直起落时所有发动机的转速和推力绝对同步，发动机之间用复杂的交叉连接的同步轴连接，使得机翼结构过重的问题无法解决，还有就是机翼的气动弹性扭曲对同步轴的影响也显而易见，噪声大，振动厉害。这对于电脑还不太普及的时代来说，只依靠手工的机械飞控，难度是不言而喻的。后来，由于XC-142在试飞过程中事故频发，与YH-32一样投产即夭折。可以说，如果当初有了XC-142，就不会有如今的V-22。

作为直升机的先驱之一，尽管希勒的创新没有获得军方认可，商业上也是个失败者，但他给后人留下的设计理念、进取精神等都给之后的直升机发展注入了强劲的动力，提供了无法取代的有益参考与借鉴。

1998年，已是75岁高龄的希勒，在圣克拉拉机场创建了希勒航空博物馆，主要收藏和纪念加利福尼亚在航空方面的重要成果。YH-32与XH-44自然成为这里的镇馆之宝，而XC-142由于投产就流产，就只能用模型和图片代之了。值得一提的是，XH-44本该是美国引以为傲的共轴反转双桨先驱，却因各种原因没能形成气候，倒是苏联较好地将这个成果发扬光大，生产出如卡莫夫共轴反转双桨直升机这样纵横全球的直升机。

还有YH-32这款直升机，尽管至今还没有获得再生，但60多年来，直升机工程师们没有轻易放弃这个天才的概念，也许随着时间的推移，一款造型简单、没有噪声、不笨重、操作简便的新型喷气发动机就会使希勒的梦想成真。虽说希勒所设计的上述几款直升机没有取得圆满的结果，但由他所在的公司研发的UH-12系列轻型直升机，依然成为人类直升机发展史上连续生产时间最长、生产次数最多的直升机之一。这或许是对希勒工作的最好注解。

斯坦利·希勒晚年患了老年痴呆症，也许他对自己所从事的事业早已泯灭于浑浊的头脑中，但他给人类开创的直升机共轴反转双旋翼的思路将永远为人们津津乐道，成为人类探索直升机飞行新理论的宝贵财富。

休伦·卡曼：被直升机耽误的吉他手

休伦·卡曼，全称查尔斯·休伦·卡曼，1919年6月出生于美国华盛顿，父亲是出生在德国的一名工程监理师，曾参与过德国最高法院等重大建筑项目。母亲为美国人。休伦·卡曼从小向往飞行并希望加入美军，但因一只耳朵失聪而未能如愿。

1940年，休伦·卡曼从天主教大学毕业，获得了工程技术学位，然后进入著名的汉密尔顿标准螺旋桨公司工作。就是在这里，他认识了伊戈尔·伊万诺维奇·西科斯基，从此坚定了从事直升机研究的信心。不久，为取消大多数直升机上所使用的变距系统，增加旋翼的稳定性，他研制出全球首款伺服襟翼，该装置就是通过加装于直升机旋翼后缘的一个活动小翼（俗称转子），来改变旋翼的螺距，从而确保飞机的飞行稳定的。初获成功的休伦·卡曼为此申请了专利。

1945年，26岁的休伦·卡曼从朋友那里筹资2000美元，在母亲的老家康涅狄格州的一间车库里创办了自己的公司，并力推获得专利的"转子"技术。事实上，该技术德国人一直在探索并在弗莱特纳系列直升机中采用，只是布局还不太完美。对直升机飞行达到痴迷程度的休伦·卡曼经过不断探索，在"转子"基础上，他又先后独创性地发明了全复合材料旋翼、直升机涡轮轴技术、双涡轮轴发动机、H-43"哈斯基"（Huskie）系列直升机、遥控直升机、海上部署的遥控直升机、电动直升机等。

1947年1月15日夜间，休伦·卡曼的第一架直升机K-125首飞成功，整个飞行时间虽短，但飞行高度达到了18米，飞行速度达到每小时近10千米。这个高度和速度，在今天看来类似乌龟，但在当时条件下却是极具震撼力的突破。

K-125成功飞行后，卡曼又制造出名为K-190的第二架直升机。1949年，再次推出了K-125的改进型K-225，就是这款直升机，为卡曼公司打开了通向财富的大门。当时，美军先后购买了4架K-225直升机，用于空军、海军和海军陆战队的试用、测评，单价2.5万美元，合计10万美元。随后，一架安装了波音公司生产的190马力波音502YT50涡轮轴发动机的K-225，被海军相中，一次性订购29架。该机不仅成为全球首款涡轮动力直升机，而且还成为试验性直升机入列海军最多的机型。

K-225入列后，被海军命名为HTK-1，主要担任训练任务（该机在空军被称为YH-22，意指试验型）。首架K-225后来被陈列于美国国家航空航天博物馆。1954年，另一架安装了两台波音502活塞式发动机的HTK-1试飞成功，又成为全球首架双涡轮轴直升机。

之后，卡曼在HTK-1基础上进行无人直升机研究，1953年一架被涂成全黄色的无人直升机试飞成功并向军方做了演示，虽获得认可，但最后还是输给了美国旋翼机公司的共轴双旋翼直升机。但卡曼并不气馁，又在HTK-1基础上继续挖潜，不久，一款改进型号为K-600的直升机横空出世。这款对旋翼轴进行包裹后的直升机，终于打动了美海军陆战队，他们先期购买数量就达到80多架，命名为HOK-1。紧接着，海军也不甘人后，采购24架并命名为HUK-1。鉴于其优秀的性能，1958年空军也动了心，订购了18架，并命名为H-43"哈斯基"，主要用于机场消防。

➤ 美SH-2"海妖"反潜直升机

在哈斯基系列生产的同时，卡曼参加了1956年美国海军对轻型舰载多用途直升机的招标，其中标产品被命名为UH-2A，其实它后来发展的反潜型更为大家熟知，那就是SH-2"海妖"型。

"海妖"生产结束后，卡曼公司一度停止了新机的研制和生产，其业务由为其他公司生产航空配件以及生产吉他维持。20世纪90年代，卡曼公司决定制造一种适合交叉双旋翼特性的直升机，这就是K-1200/K-MAX直升机，这也是查尔斯·卡曼在世时的最后一个设计。

休伦·卡曼不仅是一个企业家、发明家，还是一个慈善家和优秀的吉他手。20世纪60年代，他就为帮助视力障碍者创立了一个导盲犬基金会，以帮助那些因失明而行动受限的人士。据报道，从1981年开始到卡曼去世，该会为美国和加拿大的三十多个州、省投放导盲犬1000多只。

休伦·卡曼也曾在早年拒绝过著名管弦乐队的邀请而投身直升机事业，并运用制造直升机旋翼时获得的振动原理和复合材料方面的知识，制作出独具特色的电吉他。之后还成立了卡曼音乐公司，专业生产吉他。

休伦·卡曼一生荣誉加身，先后被授予哈特福德等多所大学的荣誉博士、英国皇家航空协会荣誉研究员；入选美国国家海军航空博物馆荣誉馆；1996年获克林顿总统颁发的国家技术奖章等。

2011年1月31日，91岁的查尔斯·休伦·卡曼因病离世。从此，直升机世界少了一位吉他手，多了一位令后世敬仰的发明家。

弗兰克·皮亚塞奇：PV-2先驱

在直升机界，皮亚塞奇的名气虽比不上西科斯基，但也是一位重要的前辈。

弗兰克·皮亚塞奇是一位移民美国的波兰裁缝的后代，1919年10月24日他出生在宾夕法尼亚州的费城。他对直升机的主要贡献有两个：首先他最早设计了前后串联双桨构型（tandem），另外他提出了使用函道螺旋桨推进的复合直升机概念。

1940年皮亚塞奇创立了皮亚塞奇直升机公司。他制造了命名为PV-2的单人单桨直升机，在1943年4月11日飞行成功。这是在西科斯基VS-300之后在美国飞行成功的第二种直升机。PV-2受到了美国海军的青睐，为公司赢得了订单。

这之后，皮亚塞奇成功设计并卖给美国海军一系列的串列双旋翼直升机。

➤ PV-2单人单桨直升机

从1944年的型号HRP-1开始，为确保两个旋翼在飞行中不发生碰撞，HRP-1的后机身向上。1945年，皮亚塞奇成功地研制了世界上第一种串列旋翼直升机XHRP-1"狗舰"，并将其发展为包括CH-47"支奴干"在内的直升机系列，海岸警卫队将飞机涂为黄色。因为外形和颜色，这种飞机被称为"飞行香蕉"。

1949年，皮亚塞奇将从HRP-1衍生出来的全金属H-21"役马"飞机提供给美国空军。与同时参与竞争的单旋翼设计相比，皮亚塞奇串联旋翼直升机可以飞得更高，也更平稳。

CH-47"支奴干"运输直升机是一种很好辨认的直升机，因为其外观很奇特，尤其是它的纵列双旋翼，使得它显得与众不同。CH-47系列源自波音公司1956年开始发展的114和414型号。随后出现了多种改进型号，主要包括CH-47A、CH-47B、CH-47C和CH-47D。该机是美陆军装备中最为主要的重型运输直升机型号。最新的CH-47F于2006年完成组装，并开始逐步交付美军使用。

CH-47的两个纵列旋翼安置在机身上方，两台发动机则外置在机身后部，发动机通过一条安装在机身顶部的传动轴驱动前旋翼。这种设计意味着CH-47的机舱和外挂点不受机体结构以及外挂货物重心变化的影响，机舱长而平直，三个外挂点也容易布置。其货舱能够装载45名全副武装的士兵，或载10吨货物，或155毫米榴弹炮，或小型汽车，外挂点也有相应的承载能力。

这种宽大方便的机舱、外挂点设计要归功于纵列双旋翼布局。在CH-47机尾处有一个可放倒的跳板式机舱门，装载货物非常简便，小型车辆可通过这扇门自

> PV-2直升机

由进出机舱。另外机上还有两个大尺寸的侧门。由于有较大的载重量，CH-47算得上是一种理想的战场供应直升机。

纵列双旋翼的另外一个好处是不像其他直升机那样需要一个尾桨来平衡旋翼的扭矩，动力效率高。但也有一些缺点，如两个旋翼必须同步避免互相间的碰撞。而且因为CH-47尺寸较大，加上两个旋转翼展达20米的旋翼，整架飞机起降时影响到的范围达100米。而最大的缺点在于由于旋翼重叠，产生的气流相互干扰，导致较大幅度的功率损失，因此至今也只有少数直升机采用了这一布局。

1958年6月25日，美国陆军发布了中型运输直升机的招标书。波音被选定生产定名为YCH-1B的5架直升机作为陆军新型的中型运输直升机。1962年7月CH-1B被重新定名为CH-47A，同年首次在越南交付实战使用。

"支奴干"在战场上的任务是运载炮兵及武器、弹药、人员和后勤物资。它还执行救援、医疗救生、伞降和特种任务。1963年，早期的CH-47A生产型服役于第十一空中突击师，同年10月该型号直升机被正式指定为陆军标准中型运输直升机。

1965年6月，第十一空中突击师重编为第一空中骑兵师开赴越南。"支奴

干"构成了228突击直升机中队的核心，同年9月开始在越南执行任务。当时的CH–47A装备2650轴马力的T55–L7发动机，空重14982千克，最大有效载重4540千克。

但远东地区高温多山的环境大大降低了A型的性能，因此波音公司在生产了350架CH–47A后，推出了更加强劲的配备莱克明T55–L7C发动机的CH–47B型。CH–47B型为提高稳定性，还配备了非对称性的旋翼桨叶。CH–47B于1967年5月投产，在CH–47C型开始投产前共生产了180架。

有外媒称，美国陆军计划通过不断升级，延长越战时期就开始服役的CH–47"支奴干"运输直升机的使用寿命，让它飞上一百年。

2008年2月11日，一代直升机巨匠弗兰克·皮亚塞奇去世，终年89岁。

二战中的直升机

第五章

Chap.5

　　作为一种新型空中飞行器的直升机，由于其研制和成熟较晚，所以，在第二次世界大战爆发时，仍处于初期探索和试验阶段，而真正用于实战的直升机近乎空白。据战后统计，从德日等战争发起国，到东西两线的同盟国各方，只有极少数滑翔类直升机参与了战争行动和相关试用，而这样的体验却对战后直升机的发展产生了深远影响。

Fw-61是德国的福克·沃尔夫研发的世界上第一架横列式双旋翼直升机，同时，它也是世界上第一架真正在空中盘旋的直升机。然而，令人啼笑皆非的是，正是这款在德国航空主管部门的头头脑脑们眼里的"驴粪蛋子"，彻底阻碍了Fw-61在他们之后所发起的侵略中的发展轨迹。

1.Fw-61特点

Fw-61具有明显的旋翼机设计特点，该机改装自一架福克沃尔夫FW-44双翼机，看起来像是一架在机身两侧各安装一副旋翼的旋翼机。Fw-61保留了机头的发动机和螺旋桨，但这台160马力的发动机驱动两副反转的旋翼，机鼻的螺旋桨尽管也在旋转，但并不产生拉力。当时在飞行员中流传着一个老笑话，说飞机机头的螺旋桨并不是用来驱动飞机的，而是给飞行员降温的，因为螺旋桨一停转飞行员就开始冒汗。而Fw-61的螺旋桨就像笑话中所说的，其唯一功

➤ Fw-61直升机

能是冷却发动机。

Fw-61直升机的改变发生在1936年初，福克公司对早期直升机进行多方面的改进。其中，将Fw-61教练机的座舱原封不动地保留，一对固定翼被拆除，在两侧的原翼根位置上各焊接一具大型金属三角架，三角架顶部安装一具三叶式旋翼，桨片直径7米。垂直尾翼和三点式起落架也基本保留，不同的是水平尾翼被移到了垂直尾翼的顶端。

改进后的Fw-61全长7米，高3米，自重800千克，最大起飞重量953千克（也有说1100千克）。该机时速100—120千米，航程200千米。

Fw-61直升机的操控系统设计良好，飞行员通过简单地前推和后拉操纵杆，就可以使两具旋翼同时向前或向后倾斜，从而控制直升机的飞行俯仰角。如果向左或向右移动操纵杆，则将改变两具旋翼的角度对比，从而改变直升机的飞行方向。辅助性的方向舵通过脚踏板来控制，操作起来也很方便。

Fw-61的新动力由采用一台经西门子公司特殊改进的Sh14b发动机提供，输出功率165马力。这台发动机安装在机身前部，通过一系列复杂的传动装置和两具旋翼相连。机首还保留有一具极具固定翼飞机特征的螺旋桨，不过其桨片较小，也不能在飞行时提供太大的帮助，这其实是一台给发动机降温的风扇。

这样的原型机，福克公司共制造了两架，即Fw-61V1和Fw-61V2。两架直升机尽管经过大"手术"，但依然无法摆脱古里古怪的"长相"，也许正是因为这一点才吸引了许多飞行好手的注意。有资料表明，先后包括多位德国一流的试飞员参与到该机试飞当中。

2.Fw-61V1首飞

首架Fw-61V1原型机在1936年6月底展开第一次试飞，当时的试飞员为福克公司的资深试飞员艾瓦德·洛夫斯。为了准确勘定V1的各项性能，该机的研制者海因里希·福克教授（福克·沃尔夫飞机公司的创始人之一）让洛夫斯首先试飞。

有资料显示，福克教授对纳粹并不"感冒"，这点也让他在希特勒眼里成为沙子，就在1933年这个战争狂魔得势上台后，福克教授被迫离开了他心爱的直升机制造事业。为了谋生，福克不得不从事与自己的喜好相差十万八千里的建筑行业。工作虽然改变了，但对直升机的研发热情没有改变，之后，他便自己研究起了直升机。

对艾瓦德·洛夫斯的试飞情况，海因里希·福克教授都做了详细的记录，并根据回馈的数据对V1进行了大胆的纠偏。虽然整个飞行过程包括起降、盘旋、

➢ Fw-61直升机

全速飞行等还有一定的改进空间，但艾瓦德·洛夫斯感觉Fw-61不仅"操控感强"，其稳定性更是"终生难忘"。

为进一步完善V1的质量，在海因里希·福克教授的坚定支持下，艾瓦德·洛夫斯又开始了一系列挑战性的试飞，并在随后的近十天时间里，先后驾驶Fw-61打破了此前由法国的布雷盖·多兰直升机经过多次坠机事故后保持的多项旋翼机领域世界纪录，如最大实用升限3500米、最高时速130千米、最长滞空时间1小时30分钟、最大航程230千米等。

这样骄人的性能，极大地吸引了德国航空界人士的眼球，除了当时著名的德国空军莱希林试验中心的首席试飞员卡尔·弗兰克，还包括25岁的汉娜·莱契——这位超级明星及传奇女飞行员。尤其是后者，虽为女性，但她却勇敢地驾驶Fw-61在柏林德国体育馆进行了飞行表演。她娇小的身体对试飞验证机来说非常有优势，因为这些飞机往往座舱狭窄且动力不足。期间她连续三个星期在体育馆里试飞Fw-61，并以68千米/时的速度安全飞到了英国伦敦。进行这种长距离的飞行，在当时还是第一次。她的试飞成功，不仅打破了垂直飞行器的飞行记录，和艾瓦德·洛夫斯一样，其壮举使得直升机试飞的消息出现在世界各地报纸的头版新闻中，更是震动了世界航空界。

德国人研制的这款划时代的直升机，虽然在结构、性能和造型上存在诸多缺点，但已经足以载入直升机发展史册。

Fi-282 "蜂鸟" 直升机

Fi-282直升机是德国弗莱特纳公司在第二次世界大战时期搞出的一款直升机，绰号"蜂鸟"。该机原本是作为舰载机设计的，除了能在U型潜艇和水面战舰停机坪上起降外，还能执行侦察、反潜、炮兵校射、垂直空中人员和物资运输等任务。后期型号能够容纳1名驾驶员和1名观察手，因此，该机也有人称之为侦察机。Fi-282的原型机于1940年的年中下线，半年后便进行了试飞试验。

因为空中表现和起降着陆效果俱佳，让希特勒十分满意，于是命令军部订购，抓紧生产。很快，当日历刚进入1942年，Fi-282便正式列装了德军。

1. 是舰载机还是侦察机？

为什么会出现又是舰载机，又是侦察机的问题呢，这里是有原因的。我们知道，舰载直升机是伴随着第二次世界大战逐渐发展起来的，它与舰载机的着舰辅助技术同步。在这方面很多人都以为美国应该是绝对的开拓者。没错，但打脸的是，这是指现在。在20世纪40年代末，这种玩法还真不是美国人第一个"吃螃蟹"，更不是发动第二次世界大战的德国，而真正敢为天下先的是美国的近邻"枫叶国"——加拿大。

1942年，二战正酣，德军虽拥有了Fi-282"蜂鸟"这款号称新型舰载机的装备，但受当时舰艇以及直升机性能的双重影响，其所谓的舰载机大多并不是像现在这样以进攻、防御作为看家本领，而仅仅是作为巨舰和大炮的"贴身文秘"，为舰上火炮提供校射观察，仅此而已。

所以，这就不难想象，作为校射观察员的"蜂鸟"，在定义上自然出现了"双重标准"。不过，德国人的模糊认识，在战争刚刚结束就被加拿大做了厘清和矫正，他们率先对真正意义上的舰载机进行了系统研究，并为直升机效能的发挥选定了舰艇，这便是该国皇家海军的圣·洛朗级驱逐舰。

定义是有些不准，但Fi-282"蜂鸟"的出世，还是为德国带来了惊喜。从1941—1944年他们共生产32架Fi-282"蜂鸟"装备部队。有资料显示，1944年曾有几架安装了一挺12.7毫米MG42机枪的Fi-282参与了所谓的柏林保卫战，可惜战果不详。

应该说，在整个第二次世界大战中，德国在直升机的研发上还是有独门绝技的。虽然一时间Fw-61直升机多舛的命运给人带来困扰，但随着战事的展开，纳

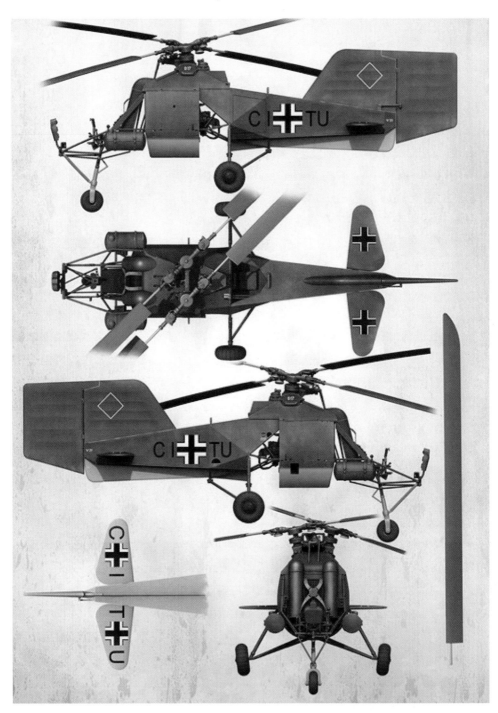

➢ Fi-282 "蜂鸟" 直升机

➤ Fi-282 "蜂鸟" 直升机

粹份子们越来越感受到直升机的价值。

"蜂鸟"直升机起初预生产型被德军订购15架，之后又加追正式生产型30架。当时Fi-282主要由巴特托尔兹和约翰内斯特两家工厂组装。为了能让该机上舰，弗莱特纳公司还特意在16平方米的着陆区让飞行员驾机在巡洋舰上进行起降表演，面积虽小，效果却很好，白天如此，夜晚也一样。

当Fi-282以"蜂鸟"之名横空出世时，这架看起来柔弱不堪的"小不点"顿时成为"高大上"。它全长7米，"身高"2.5米，Fi-282设有两对并列旋翼，桨片直径12米。机身骨架的行梁结构采用钢管焊接，机体表面材料为布质装皮。机身的前部呈椭圆形横截面，而后部略呈矩形横截面。其布局和机身设计的新颖性，已经让它具备了现代直升机外观的所有特征：壮实的中部机身，细致简洁的垂尾，外加两对并列的旋翼等，远比之前Fi-184和Fi-265简洁、大方。

事实上，靠右侧的旋翼顺时针旋转，靠左侧的旋翼逆时针旋转。这样两具反向转动的旋翼在最大程度上彼此抵消着扭矩，并且使得机身在飞行时异常平稳，这些，都是领先于同时代其他直升机型的重大技术革新。

2.Fi-282 "蜂鸟"机体结构

Fi-282 "蜂鸟" 安装一台西门子Shl4A160马力发动机（后期型改用BMW发动机），安装位置从机首移至机身中部。发动机前部有一个曲柄传动轴箱，那里连接着上部的变速箱，为两副并列反转旋翼提供出力。另设一具8叶木制风箱，用来为发动机降温。发动机移位后，机首前部就成为一个敞开式的座舱，确保了飞行员在这个位置上获得良好的视野；在飞行员座椅的椅背后部安置有降落伞，海军型的座舱里还准备有一具单人充气救生衣。另外，该机还安装有一具FuG19无线电，以及时和军舰联络。

此外，"蜂鸟" 座舱是敞开式，而且整个座舱面全部由风挡玻璃材料构成，使得飞行员无论前视、侧视还是俯视，视线都不会受到阻碍。这种座舱，其实在弗莱特纳公司初期的设想中并不存在，只是随着试飞的进行，其他的思路缺陷逐渐暴露，因此座舱设计便一步步改进并获得满意的效果。

这种情况可以从已经建成的24架原型机中找到答案。起初的多架Fi-282均采用全封闭式，之后是半封闭式和开放式兼而有之，直到最后定型为全开放式。

Fi-282 "蜂鸟" 交付海军后，跟随舰队参加了在爱琴海、地中海以及波罗的海等地区上空的战斗，任务包括观测舰队周围盟军潜艇动向和为德军舰队提供垂直补给等反潜和运输任务。

但作为侦察机雏形的 "蜂鸟"，由于搭载人员有限（仅一名驾驶员），所以对于既要驾机反潜，又要完成运输各类物资的驾驶员来说，如果还要他承担诸如炮兵校射、观测等繁重工作，实在是勉为其难。为此，聪明的设计师临时在其发动机舱后部加装了一把折叠椅，让驾驶舱扩容组成二人 "天团"，这样便较好地解决了 "蜂鸟" 兵员短缺，炮射观测、校准无法开展的问题。

➤ Fi-282 "蜂鸟" 直升机

3. "蜂鸟"的命运

在第二次世界大战即将结束的波美拉尼亚战役中，德军曾临时抱佛脚地拉起一个炮兵校射分队，并为他们配置了Fi-223和"蜂鸟"直升机各3架。结果，在苏联强大的火力面前，"机"飞蛋打，身影全无。可见，早已病入膏肓、濒临土崩瓦解的纳粹集团绝不是几架直升机可以挽救的。据权威记载，在第二次世界大战行将结束之前，希特勒为防止盟军获得该直升机的机密，便命令手下销毁了90%以上的"蜂鸟"直升机，最后只剩三架原型机落入了盟军之手。

有资料表明，在抗战时期，当时的中国"中央航空研究院"及有关学校的科研人员也曾对直升机开展过研究，这几乎与美国开展的对R-4（第一种投入批量生产并装备美军）的研究同步，中国开始设计制造直升机。

1944年，中国飞机制造业的先驱朱家仁先生先后设计制造成功了共轴式"蜂鸟"号甲型和乙型两种类型的直升机。其中采用封闭式座舱的"蜂鸟"乙型直升机，在旋翼直径、飞行速度、发动机功率和航程等指标上接近甚至超过了当时国际上不少同类直升机水平，后来因为内战，该机下落不明。

Fa-330 "矶鹞" 直升机

Fa-330 "矶鹞"直升机是德国在二战中产量最多的一款潜艇用侦察直升机，其机身为金属制造，尾部安装一个标准的倒T型尾裂。因飞行员就坐在旋翼下方的座椅上，全身暴露在空中，所以又被誉为"海空小精灵"。

1.Fa-330 "矶鹞" 的结体

Fa-330机长4.45米，高1.91米，有三片桨叶，旋翼直径8.5米（早期型是7.3米）。"矶鹞"可现场快速组装，全机总重仅82千克，两个人就可以轻松地搬走。该机总产量约200架，1942年中期开始服役，配属德国海军的U型潜艇。Fa-330没有发动机，依靠潜艇拖带和自身旋翼的旋转升空，如同动力旋翼机一样。它的正常牵曳速度40千米/时、最小牵曳速度27千米/时、旋翼回转速度为205转/分、最大飞行高度220米。

2.Fa-330 "矶鹞" 的研发背景

第二次世界大战开打后，德国限于地理位置（地处波罗的海之内，要想驰骋大西洋，必须经过挪威与丹麦之间的海峡前往挪威海和北海，其间还要再绕过大

> 陈列中的Fa-330

不列岛到达大西洋），迫不得已德国总是优先发展陆军。但第二次世界大战是举全国之力发动的综合战争，光有陆军显然不行。

为此，发展海军成为德国迫在眉睫的事情，德国经过多方论证觉得潜艇是个不错的选择。其根据在于：它不仅具有绝佳的隐藏性，而且鉴于德国在大洋中的殖民地军港几乎为零，况且一战时期，自己的潜艇就已然打出了声威，所以，成熟的战法、经验无须多费周章即可拿来就用。

就这样，德国开足马力大量制造潜艇。事实证明，德国潜艇成了大西洋幽灵般的存在，除了给盟军的商船带来毁灭性打击，更是让英、法等国的大西洋舰队谈"潜"色变，惶惶不可终日。

可是，好景不长，随着战事的逐步展开，盟军也慢慢掌握了德军潜艇的活动规律，尤其是美海军为保护其东海岸免受攻击，在反潜上的投入与日俱增，而在大战初期，这里已然是德军潜艇U型的狩猎场。

没有办法，为避免盟军驱逐舰和各种岸基反潜巡逻机等武器的攻击，U型潜艇只得转移战场，回到公海与盟军周旋。但公海气象复杂，海况如小孩的脸色，

➤ Fa-330直升机

说变就变，这让U型潜艇的瞭望侦察瞬间苦不堪言。特别是盟军的声呐技术和雷达早已今非昔比，再加上潜艇自身的局限性，因为当时的U型潜艇探测技术并不太强，其主要是通过瞭望员的肉眼观察，距离一远，再加海上环境变化，这样的观察只能说是"盲人摸象"。

为此，德国发现，如不加紧采取远程空中侦察来提供情报，要想与盟军对垒将变得异常困难。由此，采取潜艇搭载小型飞机，从空中瞭望被专家们提了出来。但反对意见也是针锋相对：这么整，己方的潜艇只能浮出水面，这还是其次，最主要的是搭载的飞机放飞需要时间，回收也需要时间，万一在此期间被盟军发现你在那"放风筝"玩，不但侦察飞机命悬一线，甚至连潜艇都自身难保。

但德军统帅部十分倔强，这也不行，那也不行，怎么办？哪有这么多万一，打仗嘛，死人的事是不可避免的。就这么办了，潜艇如果碰到盟军就下潜吧，至于飞机和驾驶员机灵点应该没事，言下之意，自求多福。

有了尚方宝剑，海军自然是癞蛤蟆打呵欠——口气如天，他们很快要求有关部门，速速搞出能够让U型潜艇拖曳升空，用以搜索目标的新式旋翼飞机，且重点提出，飞机除了小巧玲珑便于收放、便于修理，还需飞得高、看得远。

3. "矶鹞"飞天

得令后的有关部门不敢怠慢，经过日夜赶工，Fa-330直升机终于问世。该机如前面所说，构造十分简单。使用时，水兵们配合上浮水面的潜艇，从储存它的两个金属管里将它取出来，并迅速在潜艇指挥塔台组装。当然，这都必须是在海况条件好、敌情不太严重的情况下操作的。如果海风海浪大或者发现敌军，这些动作自然是无法进行。总的来说，顺利地组装、调试，三五个人十多分钟就可完成，之后Fa-330旋翼旋转的初始速度由水兵助推来实现（后来德军发现这么搞，都快把人累死，所以做过以鼓形绞盘代替人工的改进）。飞机起飞后，潜艇通过一根钢缆带着通信电话线拖着它继续前进，此时，飞机上的人员同时也开始工作。难度是大点，但至少获得了不一样的视角，观察的范围自然也是更大、更远。

当然，水下的潜艇要和天上的飞行员形成良好的沟通，还必须拥有好的设备，在无线电技术还不是太发达的状况下，两者只能通过包裹了两层外皮的电缆相连互通"有无"，平安无事自然是"你游你的泳，我看我的天"。但一有情况，飞行员就得赶紧报告潜艇，并迅速做好收兵降落的准备。

此时，艇上的人必须尽快摇动绞盘，跟收回风筝一样，把Fa-330直升机从空中一点点地拉下来。待它着陆（艇），水兵们也会迅速拉动转子制动器来给尚在飞速旋转的旋翼降速，接着拆卸分解，把Fa-330放归金属管内，至此，一套工序结束。

在这套看似简单的作业过程中，最难也最危险的无疑是飞行员。上面讲的还仅仅是一般的敌情，如果敌情已经相当严重，自己就必须按程序拉动座位上的红色控制杆，此动作决定了他与潜艇之间的拖缆已经断开、潜艇开始下潜。而他自己则只能迅速跳伞，与飞机一同坠海，待潜艇躲避过危机后，再回来搭救。至于碰到潜艇都"泥菩萨过江，自身难保"的事，Fa-330飞行员的结局就不难想象了。从这一点就能看出纳粹战争贩子们对人的生命的漠视。

Fa-330第一次试飞是在波罗的海上，与之搭配的潜艇为U-523，经过多次磨合，结果不错。之后，德军在占领的法国，通过风洞中的模拟器，培训出大量飞行员，并将他们配属到搭载了Fa-330直升机的U型潜艇上。

4. "矶鹞"的结局

可惜的是，由于二战战事密集，Fa-330直升机在配属各类U型潜艇作战中损

➤ Fa–330直升机

失惨重，加上其战史资料也因德国保密甚严，因此有关Fa–330直升机的参战记录已无处找寻，目前唯一幸存的档案就只有"U–861潜艇搭载Fa–330在马达加斯加岛附近活动"这样一段。此外，有报道，Fa–330直升机曾配合U型潜艇在爪哇和马来西亚巡弋。

1944年上半年，一艘德军的U–852潜艇，在遭盟军反潜巡逻机重创后，搁浅索马里海岸，赶到的盟军发现了其艇身搭载的Fa–330。不知内情的盟军士兵见这"玩意儿"跟玩具差不多，所以根本没把它放在眼里，只是作为一般的战利品上报。直到战后，美国、英国才相继对这种无动力旋翼机的海上观察能力展开评估，经过对缴获的Fa–330进行飞行测试，最终发现，德军用心之良苦、技术之成熟以及操作之简单，实在是不可小视。有专家认为，如果不是其他直升机的迅猛发展，这种通过潜艇拖曳的直升机将是另一种先进的选择。

但历史没有如果，如今的Fa–330除了部分为民间飞机爱好者收藏之外，更多的只能静静地躺在诸如美国国家航空航天博物馆这样的地方，任凭大众观览与评说。

实用型轻骑直升机：R-4

作为全球第一款成批次装备部队，并亲历第二次世界大战的直升机，R-4是当之无愧的实用型空中骄子。它的原名为VS-316，因出身于西科斯基公司，所以，其改良机会比其他直升机要多得多，而且供它借鉴和吸收的精华也得天独厚。

1919年，已经移居美国的伊戈尔·西科斯基继续着自己的直升机梦。期间他云游世界，遍访高手，分别在德国、法国和英国停留。尤其是法国之行，他不仅观看了路易斯·布莱格特的试验性旋翼机的飞行表演，还与许多直升机爱好者切磋设计理念。回国后，他迅速将在法国期间获得的灵感运用到自己的设计中。

1939年春，一种名为VS-300的直升机设计完成，三个月不到，其原型机已制造出来。

VS-300是一款单旋翼带尾桨式直升机，其尾部安装一种新的两片桨叶的尾桨。这样的结构，在当时来说可谓开天辟地，属于大姑娘上花轿——头一回。这样的设计，一下子将原来直升机需要靠两个相互反转的旋翼来抵消扭矩的理论

➤ R-4直升机

➤ R-4直升机

砸得粉碎，因为从气动原理上来讲，VS-300的反向力矩仅仅在于其独特的尾桨中，这样简单的变化，彻底改变了原来指望旋翼间相互抵消扭矩的固有模式，从而让直升机变得不再复杂，同时，也让这种空中轻骑变得更轻、更易于操作和驾驶。因此，VS-300的横空出世也被众多设计者尊称为现代直升机的模板，成为如今所有直升机的参照对象和标的物。

　　1941年年中，为进一步提升VS-300的技术水平，伊戈尔·西科斯基在对全球近20种不同机型的反复研究后，对VS-300进行了一次大改。这一改动除第一次创下空中飞行1小时32分26.1秒的世界纪录，还第一次打破了由福克Fa-61保持多时的世界直升机航时纪录。

　　R-4直升机最终还是采用了VS-300相对合理的结构布局：采用单旋翼加尾桨结构，旋翼、尾桨同为三片桨叶，而尾桨在尾斜梁左侧，该机的全铰接式旋翼可确保桨叶在挥舞、摆振和变距运动时获得较大空间。起落架运用后三点式，为保证水面降落，R-4的机身外还安装了一套低压浮筒式软起落架。驾驶舱相当于双排座汽车，承载两人。其发动机安装于驾驶舱后侧，发动机舱为金属蒙皮，尾梁和桨叶后段采用帆布蒙皮，尾斜梁不设蒙皮。

为适应战场需要和针对反潜作业，R-4不仅安装了一套深水炸弹挂架，以保证1枚150千克重和3枚重45千克的深水炸弹的挂载，而且R-4还在起落架支撑结构上配备两副担架，以完成医疗救援任务。

1944年4月，是R-4投入的第一次战斗救援飞行，此次的驾驶员是卡特·哈蒙，地点在缅甸，其状可谓惊心动魄。

作为一款轻型双座直升机的R-4，按设计一次只能营救一名伤员。但当哈蒙驾驶战机到达战地时，却发现现场竟然坐着三名战机的战友，一个是被击落的通信联络机飞行员，还有两名是友军英国空勤人员。怎么办呢？哈蒙心一横，硬是将他们都拖上了直升机，并小心翼翼地驾机回到了后方营地。

此次营救，哈蒙获得美英两国军界的高度赞扬，而R-4的实用价值得到了更大程度的发挥。

R-4直升机从设计生产到装备美英两国军队，虽然仅仅几年时间，但它作为全球第一种投入生产和进入现役的直升机，地位无人撼动，其独特的设计、实用的优势超出了同时代其他直升机，它的重要性与影响力都在直升机发展史上有着重要地位。

1942—1944年间，各种型号的R-4直升机共生产了131架。

➤ R-4直升机

第六章 现代局部战争中的直升机

Chap.6

二战结束后，国际形势发生深刻变化。在短短70多年里，先后发生了朝鲜战争、海湾战争、两伊战争、阿富汗战争等，而直升机作为现代战争新型作战平台，也在其中扮演了十分重要的角色，成为各国争相比肩的利器。

朝鲜战争中的魅影

1945年，人类历史上刚刚结束了一场浩劫，和平鸽并没有带来和平，橄榄枝也并没有四处摇曳。当历史的脚步缓缓地走完20世纪的一半时光，朝鲜半岛战火重燃。为打赢这场局部战争，当时如日中天的美国趾高气扬地派出部队支援韩军。以此为契机，已服役数年尚未经过实战考验的直升机也被美军从试验场拖进了战火纷飞的战场。

1.战前

战争开始前，美陆军斥资购买了H-13，执行近似于二战期间轻型固定翼飞机的任务——指挥控制、医疗后送、通信中继和物质运输等。战争发起后，担任太平洋舰队陆战队司令的谢泼德中将致电华盛顿海军陆战队司令部："不惜一切代价弄来直升机，什么型号都可以，要立即运往战区，要放在压倒一切武器的优先地位。"于是，美军很快向直升机生产公司发出了"紧急征召令"，陆军开始订购大批的直升机。

➤ HRS-1直升机

　　然而，事情并没有那么简单，因为美陆、空军在航空问题上早有协定：空军为陆军进行空中运输保障任务。所以，陆军失去了订购直升机的理由，如果订购也只能少量订购小型直升机，其重量不得超过1800千克。因此，战场上陆军只有直升机连的数量，主要装备也只是H-13等小型直升机，其作战理论陆军则强调用直升机快速运送小部队进行奇兵式攻击，以配合装甲部队和机械化部队进行地面机动。

2.战中

　　在朝鲜战争中，虽然美军没来得及将大量直升机装备部队，但是直升机却在这场战争中显示出其独特的优越性。由于直升机不像固定翼飞机那样需要一定的条件才能起飞、降落，它机动灵活、反应速度快，既可垂直起降、空中悬停，又可前后、左右、上下飞行，只要是它能够到达的地方，就可以起飞和降落，这样直升机在空中运输救护中就派上了用场。

　　编撰于1952年的野战手册《FM20-100：陆军航空兵》中描述："直升机可以作为地表慢速飞行器的补充和替代品。指挥官利用直升机能够将后备队快速机动到恶劣地形环境、被坚决的抵抗力量包围的中心、以及对抗敌对攻击威胁的地

➤ 皮亚塞奇HRP-1直升机

区。机动将要超越群山包围、水泽环绕的障碍地区，或是直接进入缺乏适当道路网的地区。"

美国海军陆战队组建于1948年，第一支现代型海军航空兵部队——第一直升机中队，并开始使用西科斯基直升机进行训练。那时的直升机只能运送两名全副武装的陆战队员。当年夏天，第一中队接受了第一批皮亚塞奇HRP-1直升机，该型机可以携载6名全副武装的陆战队员。此后，特温尼和克鲁拉克继续研发了更好的旋翼飞行器，并发展它的多用途性。

两年后，第一批西科斯基HO25-1直升机实现侦察功能。此后海军陆战队除了用直升机侦察外，还开始运用直升机进行营救、疏散伤员，进行分队联络以及敷设通信电线等。

朝鲜战争爆发后，大量的伤员需要救治，固定翼飞机又不能深入到作战前沿，直升机就有了用武之地。由于美陆、海、空军都装备了直升机，所以挽救了大量美军伤员的生命。战争期间，美国空军救护队就担负了大量救护任务，其中西科斯基-5A直升机担负短程救护，格罗曼公司制造的SA-16型水陆两用飞机担负海上救护。

当海面上风平浪静时，这种飞机能在水面上降落，救起落水的飞行员。空中救护队的飞机对坠落在海面上的飞行员的营救十分顺利，但对那些坠落在地面上的飞行员的营救反而不成功。

1950年4月，当航空救护队的2架L-5飞机到达朝鲜后，因为这种飞机受降落场地限制，无法对伤员进行救治。7月22日，驻在芦屋的救护小队派出了一个直升机分遣队前往大邱，几天后，第八集团军的重伤员被直升机分遣队从前线救护站顺利送到密阳的集团军流动医院和设在釜山的第8054医院。到8月底，这个直升机分遣队一共护送了83名陆军伤病员，对鼓舞士气起到了积极作用。

通过对战场伤员的救治，美军进一步从战争中看到了直升机的好处，因此，随着战场形势的发展，美军很快将直升机进驻朝鲜境内，并于1950年成立了救护联络办公室；8月30日，救护队又在朝鲜正式编成了直升机分遣队，负责朝鲜境内伤员的救护，分遣队一经成立，就开始了繁忙的救护行动，并救治了大量伤员。

1950年6月，一名美国飞行员由于飞机在空战中受伤被迫跳伞，直升机分遣队立即前去营救，在空中战机的掩护下，直升机一直飞到了跳伞飞行员呼救的地方，并成功地将他救回。

一年后的1951年，第161运输直升机中队带着更大的西科斯基HRS-1直升机抵达朝鲜，开始执行人员和物资运输任务。

随着战争的进行，美军遭到了中国人民志愿军和朝鲜人民军的猛烈打击，伤

➤ HR-13直升机

亡不断增加，分遣队也越来越忙，在这种情况下，直升机连续出动给美军送去毯子、血浆和医疗用品，并救出一批重伤员。

朝鲜半岛是个多山的地区，山地与高原占到其总面积的四分之三。其中，海拔500—1000米的地区占了总面积的一半。而美军是个懒得走路的部队，如此地形自然让初来朝鲜半岛作战的美军吃了不少苦头。随着战局的展开，美军经常由于地形的影响而受到打击。痛定思痛的美军想到了直升机。

1951年夏，在一群士兵护送下，美国海军陆战队的第一个直升机运输中队进入朝鲜参战，很快就显现出巨大的优势。好几次，陆战队士兵被包围，打得弹尽粮绝，眼看着就要束手就擒。这时，直升机嗡嗡地飞奔而来，运来武器、弹药，还有援军等。还有几次，陆战队排一级部队被层层包围，可谓毫无退路可言，眼看着陆战队将被"包饺子"，突然，空中一阵轰鸣传来，直升机顷刻间停在陆战队阵地上，将早已绝望的士兵拖上机舱逃逸。

据不完全统计，在整个朝鲜战争中，美军直升机让数以千计的士兵避免了死亡。1953年7月23日战争结束时，陆战队在朝鲜战场上已经部署了大约10个直升机中队。除了参与人员救助、物资转运外，在朝鲜战场上的美军直升机还担负过扫雷任务。

还是在美军向朝鲜半岛北部沿海的元山港推进并企图占领该重要港口时，朝鲜人民军便摸清了敌军的意图，为打破美国人的计划，深知自己力量薄弱的朝鲜人民军，决定用水雷对付不可一世的美军军舰。不几天，近三千枚各式水雷在美军到来之前布满了全港，几乎形成了一道护卫港口的水雷阵。面对如此多的水雷，目中无人的美军强大舰队也不得不先行后撤、排雷。

由此，在1300多平方千米的海面上，美军出动20多艘扫雷舰等作战装备忙乎起来，他们自认为，凭借这么强大的力量，最多一个礼拜解决战斗。

哪承想，搞了半个多月的时间，才清除掉200多枚水雷。而在作业期间，损失却十分惨重：6艘军舰被水雷炸坏，舰上200多名官兵被炸死炸伤。

没办法，美军想到了直升机。很快，舰队通过这种"站得高，探得准"的"利器"，几天时间内便开出一条近百米宽的安全航道。

从海湾战争到索马里：揍人与挨揍

1991年的1月17日，海湾战争爆发，美国军队成功将伊拉克军队逐出科威特。海湾战争是冷战结束后的第一场现代局部战争，也是信息化战争的开端。

海湾战争是由伊拉克对科威特的入侵而引发的，随后联合国先后多次通过反对伊拉克入侵科威特并对伊实施制裁的决议，反应最为强烈的当属在海湾地区具有巨大经济利益的以美国为首的西方国家。1990年8月2—3日，美国总统布什主持召开国家安全委员会全体会议研究对策，会议最终决定，采取大规模军事部署行动。

1. "阿帕奇"武装直升机打开缺口

想象一下，一架盘旋在沙漠上空的飞行器携带着反坦克导弹、火箭弹、航炮等武器，敌军坦克在热成像探测系统的屏幕里出现在地平线尽头，图像显得格外清晰，随着开火按钮被按动，一枚威力巨大的反坦克导弹呼啸着快速飞向目标，一声巨响过后，这辆坦克便分崩离析，而这架飞机则悄然离去。相信很多人已经想到了它就是武装直升机。

在海湾战争前，美苏两强国先后在越南和阿富汗的地面战中被游击队等非对称战争搞得焦头烂额，传统的装甲部队施展不开，而出动空中力量又无法对战争结局产生决定性影响（受当时技术水平所限），后来双方根据运输直升机开发出了AH-1眼镜蛇攻击直升机和Mi-24武装直升机，在越南战争和阿富汗战争中都发挥了很大的作用。而伊拉克拥有着在中东乃至世界也很强大的装甲部队，也由于这些经验，幻想着在海湾战争中对以美军为首的联军形成巨大的打击。

在海湾战争中出名的AH-64"阿帕奇"武装直升机，其实源自美军对苏联庞

➤ 美"阿帕奇"武装直升机

大装甲部队的恐惧，其迫切需要一款坦克杀手而研制出的。最终苏联解体，曾经的钢铁洪流也没有冲过铁幕，"阿帕奇"也就没有派上用场。反而在海湾战争中，萨达姆庞大的陆军装甲部队成了"阿帕奇"的首次作战对象，让"阿帕奇"尝到了血腥的味道。

同样在大陆军思想的军事体系下，装备技术水平较高的伊拉克（装备各种苏联主力坦克作战车辆等），即使有一体化的防空网也被"阿帕奇"的超低空突防轻松击穿，几乎就是以美国为首的多国部队对伊拉克装甲部队的一边倒的大屠杀。

而海湾战场的"阿帕奇"传奇也是有其他要求的，一旦没有绝对压倒性的制空权，在便携式防空导弹和各式轻型高炮的攻击下，它完全可能变成飞行棺材。

"阿帕奇"于1989年在巴拿马首次参战，而这场海湾战争简直是它的集中表演。

1991年1月17日凌晨，"沙漠风暴"空袭行动前22分钟，美军的8架AH-64武装直升机以低空飞行方式巧妙地躲过伊拉克军队的雷达网，隐蔽进入伊拉克南部。发现伊军的两座重要预警雷达站后，8架AH-64直升机分成两组，向着伊拉克预警雷达站猛冲过去。驾驶员摁动发射钮，一枚枚"地狱火"导弹喷着橘红色的火焰从天而降。伊拉克预警雷达站在连续不断的爆炸声中飞上了天。这为多国部队空袭打开了一条安全通道，使大批战斗轰炸机从缺口进入，突然出现在巴格达上空。"沙漠风暴"行动由此展开。

2.大显身手的直升机

（1）海湾战争期间，多国部队部署武装直升机几百架，而AH-64"阿帕奇"就占274架，约为美国陆军装备总数的一半，可以看出它举足轻重的地位。

2003年3月24日，在美军进攻巴格达的行动中，32架AH-64"阿帕奇"武装直升机对驻守在卡尔巴拉的伊拉克共和国卫队"麦地那"师发动的猛烈攻击，打响了巴格达之战的第一枪，并且在短时间内击毁了伊军的10辆坦克。

但是AH-64维护的复杂性在海湾战争中暴露了出来，由于海湾地区风沙很大，因此几乎在每次出勤后都要对AH-64的发动机、旋翼以及武器进行彻底清洁，否则就会出现因为故障而坠机的现象。

（2）这种霉运一直延续到灾难发生：这就是1992年美军的反恐战。

在人们的印象中，美国是世界上最强大的国家，美国军队也是世界上最有实力的军队。无论是海湾战争、阿富汗战争还是利比亚战争等，都几乎不费吹灰之力就将这些国家打败。但俗话说得好："好打架的疯狗没一张好皮。"美国到处揍人，哪知自己也有挨揍的"辉煌"记忆。此战，美国最王牌的特种部队在非洲被围歼，死伤过半。战后美军尸体被游街示众，直到现在美军仍耿耿于怀。

这场战争发生在非洲最穷的国家之一——索马里。这里军阀混战、民不聊生，而且海盗盛行是天下闻名的，怎么可能是美军的对手。可就是这个穷困混乱的索马里，硬是让美国最精锐的王牌特种部队蒙羞。

1992年，索马里内乱愈演愈烈，人道主义危机严重。于是联合国发动了救援行动，代号为"恢复希望"，多国维和部队都参与了。当时，美军的任务是铲除索马里军阀艾迪德。为此他们派出了精锐中的精锐——三角洲特种兵。这个阵容

➤ 美AH-64"阿帕奇"直升机

➤ 美军"阿帕奇"直升机

可谓强大，不仅是美军中装备第一（配备黑鹰直升机、悍马军车等），家伙什齐全，而且是素质最高的战斗部队，更是当时活跃在反恐第一线的美国王牌，可谓威猛彪悍。

应该说，就是这样的阵容抓捕一个非洲小军阀，那简直就是张飞吃豆芽——小菜一碟。哪承想，就在这160个钢铁大侠接近艾迪德居住的酒店时，立刻陷入几千名索马里士兵的重重包围之中。想攻，敌人太多，探个头都困难；想退，后路早就被堵死，可怜这一百多"兄弟"，那个急呀！

所谓"双拳难敌四手"。无数端着AK47的士兵向美军射击，开始美军还像"初生牛犊"般强烈抵抗，到后来基本是毫无招架之力，很快陷入被围歼的绝境。

此时外面的美军也拼了血本要救援。于是，外围打得难解难分，里头的美军苦苦支撑。战斗很快结束，美军160人除少数逃出包围圈之外，伤亡近百人，配备的武装直升机被击毁5架，其他军械损失无数。

这还不算，更让美军窝火的是，艾迪德还将落在当地的美军尸体拖着游街示众，并通过视频传遍了世界。

这些凄惨的画面瞬间固化成令美军胆寒的记忆，直到现在还耿耿于怀。想想也不容易，堂堂超级大国，却被一个小国的散兵游勇虐揍，这也够憋屈的。不过，怪谁呢？谁也怨不着，要怪就怪自己嘚瑟，有美军将领说："算了，打落牙齿往肚子里咽吧！"不过从此后，美军也长了见识，为了160人的悲剧不再重演，打起来一般还是以飞机为主。

两伊战争："鹿"死"蛇"手？

1980年9月22日，伊朗和伊拉克爆发战争，史称"两伊战争"，或称"第一次波斯湾战争"。"两伊战争"历时8年，共造成100多万人死亡、150多万人受伤，直接经济损失达万亿美元，后经联合国调解才正式停战。

1. 复杂的战前形势

两伊战火的蔓延，导致美国和苏联两个超级大国在海湾地区严重对立，他们身处背后，各挺一边，暗自较劲，分别将各种先进武器"支援"两伊。如苏联的米–24"母鹿"直升机提供给了伊拉克，美国的AH–1"眼镜蛇"直升机帮助了伊朗。

由此，围绕两型直升机展开的空中格斗形成著名的"鹿""蛇"之争。

1980年9月22日拂晓，伊拉克总统萨达姆下达了对伊朗的军事目标发动"威慑性打击"的命令。接着，伊拉克出动大批作战飞机，袭击了伊朗首都德黑兰、大不里士、阿瓦士、克尔曼沙赫、提斯孚尔等共15个城市和7个空军基地。

第二天凌晨，伊拉克的地面部队越过边境，分三路向伊朗境内大举进攻。仅仅一周时间，伊拉克军队便占领了伊朗约2万平方千米的土地，深入伊朗境内10—30千米。

见伊拉克军队来势汹汹，伊朗军队仓促应战，其空军袭击了伊拉克境内的16个目标。地面调整部署大批革命卫队，扼守通道，迟滞敌军的进攻。1981年9月，伊朗开始大举反攻。他们集中10余万兵力，发动大规模的阿巴丹反击战，以解伊拉克对阿巴丹的包围。但在这时，伊朗军队却遭到了伊拉克米–24直升机（绰号"母鹿"）和其他空军部队的顽强抵抗，伊朗的攻势严重受挫。直至1982年3月，经过周密部署，伊朗又发动了"胜利行动"攻势，伊拉克也出动两个师的兵力进行抵挡。

此阶段为双方交战最激烈的时间段，双方兵力虽然都受到不同程度的损伤，但士气依然高涨。紧随其后的直升机空战，更是把这场战争推向了另一个境界，也开启了直升机空中格斗的新模式。

1983年5月中旬，进至伊朗境内的伊拉克米-24直升机正在为原伊朗控制的阿拉伯河东岸地区巡航。突然，有驾驶员发现伊朗直升机机群，仇人相见，分外眼红，一场直升机空中格斗已不可避免。作为美国的小兄弟，当时的伊朗备受美国宠爱，因此，他们的武器大多来自美国，而伊拉克直升机发现的正是伊朗采购自美国的AH-1武装直升机。该机绰号"眼镜蛇"，采用UH-1C动力装置，射手席在机首，在驾驶员后面却比驾驶员座位略高，有利于对敌发起攻击。它具有较强的低可观测性能，尤其是在低飞时易于隐蔽及观察目标。它的机动性较强，很难在空中被击中。但在"母鹿"面前，到底谁更胜一筹还很难说。

"眼镜蛇"直升机起飞重量4.8吨，最大时速315千米。武器为1挺机关枪，置于前方；在机身两侧共有4个武器挂架，可挂有线制导导弹及反坦克导弹，挂载重量1680千克，作战半径60千米。

伊拉克使用的苏联米-24"母鹿"直升机，它的武器为1挺置于直升机前方的旋转塔上的12.7毫米机枪，该机配备4个挂架，可挂4枚线导式反坦克导弹或其他导弹、炸弹等，四门新型机炮，射速3000发/分，其机首右下方的一个机舱内除装备瞄准系统外，还装有一台激光追踪系统。

2.特殊的直升机空战

可以发现，两伊的这两种武装直升机，原本是去轰炸对方地面目标的，根本没想过直升机之间还会发生空中格斗，更没想到会这么快便不期而遇，"针尖对上了麦芒"。

然而，碰上了就没二话可讲了，即使硬着头皮也要上！当"蛇""鹿"在空

➤ 米-24直升机，绰号"母鹿"

➢ AH-1直升机，绰号"眼镜蛇"

中徘徊一阵后，已不可能按原来的计划去攻击对方地面目标时，终于爆发了前所未有、非常特殊的直升机空战。双方的直升机上没有空战武器，唯一可以用来攻击对方的只是机枪。由于双方飞行员原来都没练过驾驶直升机进行空中格斗，所以技术并不娴熟，于是，双方只好驾驶直升机跟老鹰捉小鸡一般相互追打。当时双方参战直升机多达七八架，这样的你追我赶宛如蜻蜓舞蹈般上下翻飞，场景之壮观前所未有。

就双方直升机的性能来讲，苏制的米-24"母鹿"的攻击力远强于美制的AH-1"眼镜蛇"，但此时很难派上用场；相反，米-24直升机机体大，起飞重量超过AH-1一倍以上，影响了机动性。经过一段时间的追打后，米-24占不了一点儿便宜。

不过，在相互追逐，试图用自己的直升机击毁对方的过程中，谁也没碰上谁，即使有几次"母鹿"差点被"眼镜蛇"撞上，还是被它巧妙地避开了。

曾经，AH-1直升机一个跃升，占据了有利位置，完全可以俯冲而下，攻击一架米-24。就在AH-1俯冲而下时，米-24向上一个纵升，并急速翻转，绕到AH-1后面，使两者位置互换。这时，AH-1急中生智，一个急拐弯避开了米-24

的反攻击。毕竟AH-1是当时直升机系列中作战经验相对丰富的机种，在20年的时间里几乎参加过所有局部战争或区域冲突。因此，真要想打下它也绝非易事。

就这样，双方相互追逐，互不相让，飞行员在做俯冲和规避动作时，劳心费神，开始累了，但并未松懈。就在这时，双方同时想到用机关枪来攻击对方。虽然机关枪的杀伤力十分有限，但作为唯一的武器时无疑也能发挥作用。当一方用机关枪扫射时，对方不得不进行躲避。毕竟，攻击武器的速度远远高于直升机的飞行速度。

经过多番斗智斗勇和不失时机的机关枪扫射，终于令一架伊朗的AH-1"眼镜蛇"支撑不住了，被米-24"母鹿"的机关枪击中坠毁。

有军事专家说，其实武装直升机与对方武装直升机相遇的机会反而会低于与对方战斗机相遇的次数，但两者装备不同，不能进行对等的攻击。在低空战场上，武装直升机的真正对手还是武装直升机。直升机空战的特点是，由于没有配备雷达，不能在视距外发现对方，双方都是在视距范围内进行攻击，关键在于抢占有利位置，尤其是突发性的近距离格斗，有利位置将成为胜负的关键。

可见，向对方发起攻击的最佳位置应该是在自己的正前方，能看到对方，瞄准位置则以螺旋桨中央顶端部分为最佳。另一方面，如果被对方锁定，要紧急采取躲避行动。在空战时，如果回旋或上升时失速，被击落的可能性就很大。

从米-24"母鹿"与AH-1"眼镜蛇"直升机的作战性能上看，"母鹿"绝对

➤ 米-24"母鹿"直升机

➤ AH-1 "眼镜蛇" 直升机

优于"眼镜蛇"，实战经验也占明显优势。在长达10年之久的苏阿战争期间，"母鹿"也曾多次大展雄风。当然，在货真价实的空中格斗中，胜负结果也取决于驾驶员的飞行技巧以及临场状况、处置能力等。如果AH-1发现米-24，会迅速抢占制高点，发射导弹将米-24击落；相反，如果一击未中，米-24则有更多的优势将AH-1击落。如果米-24先发现AH-1，它会先爬升到1000米高度，然后再俯冲攻击。

3. 两败俱伤

在"两伊战争"中，伊拉克多次出动米-24攻击伊朗的装甲车队和火炮阵地。在近120次的飞机战中，有一半是直升机对直升机的空战，其中与伊朗AH-1"眼镜蛇"遭遇10次。双方在进行激烈空战的进程中，"母鹿"与"眼镜蛇"的战绩为10∶6，可谓完胜。

八年艰苦的战争使伊朗和伊拉克的国民经济和人民的生命财产遭受了巨大的损失：双方死亡约100万人，伤约150万人，"两伊战争"的伤亡总数相当于以色列和阿拉伯国家的四次中东战争伤亡人数的12倍。双方共损失飞机400余架、坦克3500辆、火炮2700门、舰艇31艘，双方被袭击的船只近500艘。由战争引起的直接经济损失达万亿美元，相当于第一次世界大战全部经济损失的5倍。

在这次战争中，使用了除原子弹、氢弹等核武器以外的几乎各式现代化武器，其中包括使用了火焰喷射器和化学武器，这些都成为人类记忆中的灾难。而"鹿"死"蛇"手的直升机对垒，也成为两国人民心里化不开的结、解不开的哑谜。

入侵格林纳达的急先锋

　　格林纳达是中美洲的一个弹丸岛国，面积仅300多平方千米，人口不到12万。国家虽小，但因地处东加勒比海南部，扼守通往大西洋的水上航道，所以战略地位非常重要。格林纳达多灾多难，曾被法国占领过，也做过英国的殖民地，即便是1974年宣布独立，也依然是所谓英联邦的自治领土。

　　20世纪70年代末，毕晓普领导的共产党上台执政，奉行亲苏联、古巴的政策。这自然惹恼了美国。他们认为，跟苏联、古巴搞到一起的格林纳达绝没好事，尤其是对美石油运输线的威胁就是眼底下的事。因而，美国对其恨之入骨，并产生了扶植亲美势力和颠覆格现政权的计划。

　　1983年10月13日，格林纳达国内发生动乱，政局更是扑朔迷离。还不到一个星期，毕晓普就被处死，而取而代之的是更加亲古巴的"激进左派"，他们成立

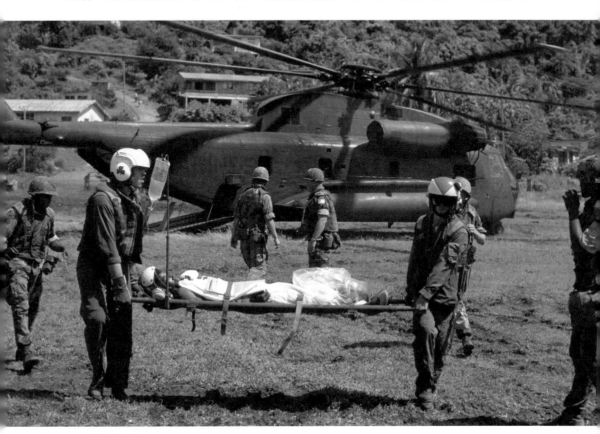

　➤ 运送伤员的直升机

➤ MH-60"黑鹰"

了以陆军司令奥斯汀为首的革命委员会。

1.美国动手

面对格林纳达骤变的政治局势，东加勒比海的国家坐不住了，他们随即开会，"要求"美国尽快采取行动。22日，美国副总统布什召集国家安全委员会会议，假借讨论黎巴嫩局势，商讨加勒比海各国的"紧急要求"和"保护美侨"，决定对格林纳达动手。这是自越南战争失败之后，美国最大的一次军事行动。一时间，格林纳达这个名不见经传的小岛成为全球瞩目的焦点。

其实，美国为了巩固自己的"后院"，对入侵格林纳达一事早就进行了充分准备。格林纳达政变的发生，正好给美国提供了口实，成为美国入侵格林纳达的导火索。

美国的目标很明确：以解救美国在格林纳达的侨民为由，集中优势兵力，速战速决，推翻格林纳达的政权，扶植亲美新政府，同时慑服其他中美洲国家的亲苏、亲古政治势力，以对抗后者在中美洲的"扩张"与"渗透"。

10月23日，尚在度假中的总统里根赶回华盛顿，再次召开高层会议，制定行动指南。一天后的24日18时，里根亲笔签署了代号为"紧急狂暴"的行动命令。

➤ 参战的MH-60"黑鹰"直升机

　　25日凌晨，美国"快速部署部队"分别从巴巴多斯、格林纳达附近海域和国内三个待运点，通过飞机从北、南两个方向对格林纳达实施空降。这次打头阵的正是美军在役直升机UH-47。待美军舰载航空兵对珍珠机场实施航空火力准备后，"关岛"号两栖攻击舰上的400多名海军陆战队员分乘多架UH-47型直升机，饿狼般地扑向珍珠机场。他们没有遇到多大抵抗，很快就完全控制了机场一带。然后，"关岛"号两栖攻击舰驶向格林纳达的西海岸，加强对首都的正面攻击。

　　次日，搭载着海军陆战队员的直升机突袭了另一个美国学生所在的校区。该校区的守卫只进行了轻微的反击，不过美军的一架直升机却在进场时意外撞上棕榈树而坠毁。在这个校区里，美军救出了200多名美国留学生。负责运送他们的是以"夜行者"之名著称的第160特种行动团，装备了用于特种作战的MH-60"黑鹰"和AH-6/MH-6"小鸟"直升机，可以为美军特种部队提供全天候、昼夜间的直升机运输能力，他们擅长的是偷偷运送特种部队人员潜入和撤出敌对场所。

　　接到作战命令后，来自肯塔基坎贝尔堡的160特遣队和来自北卡罗来纳布雷格堡的"三角洲"特种部队在巴巴多斯会合。本应该和大部队一起于25日1点行动，但因机械原因直到6点半才出发。

　　里奇蒙德山监狱建在一个老堡垒的遗址上，位于山脊高处，可以俯瞰圣乔

➤ 美军入侵格林纳达

治，山坡近乎垂直，覆盖着茂密的植被。监狱被6米高、带铁丝网的围墙环绕。两山之间有一个小山谷，飞行编队就沿着这个山谷进入，悬停在目标上方，"三角洲"和游骑兵用绳索速降到地面并发动攻击，期间，他们只遭到过持轻武器的监狱守卫们的反击，而监狱附近的防空阵地情况不明。

当"黑鹰"接近监狱时被他们发现，在比监狱高约50米的山脊上，有两门高射炮，这个位置绝佳的高炮阵地可以对付任何试图在附近从空中降落的军队。猛烈的防空炮火转眼间就击落了一架UH-60A和一架MH-6，造成1死6伤。想要进行强降几乎不可能，如果直升机稳定在空中，就会成为格林纳达军队的活靶子。美军只好在抢回伤员后取消了攻击行动。

与此相反，在鲁伯特堡的情况就顺利得多。"三角洲"乘直升机抵达后，攻入了这座建筑，很快就找到了他们的猎物。然后呼叫特遣队，带着俘虏登上直升机飞往"关岛"号，整个过程风平浪静。

在突袭珍珠机场的同时，美军也加紧了空中支援，但遭到地面炮火的猛烈扫射。此时，一架吭哧吭哧半天一直在机场上空盘旋的C-130运输机突然迎着火网，猛扎地面。这一反常举动，使格林纳达守军开始以为它中弹了，正想挥手欢呼胜利。谁承想，眨眼工夫飞机机腹突然喷出猛烈的机枪火舌，打得机场上火星飞溅，草木横飞。

➤ 被美军控制的格军阵地

守军顿时蒙了。就在守军纳闷的时候，后面几架C-130运输机直接由2000米的高度降到200米，这时机场上的守军才明白，原来美军是要强行跳伞。但可惜，势单力薄，守军没办法与强大的美军对抗。结果，机上的伞兵居然在150米的高度强行跳下。有人调侃这样的空降，似乎不该叫跳伞，应该叫跳楼。当然美军的这次冒险，同样也创造了自第二次世界大战以来他们跳伞的最低高度。伞降过程中，不少伞兵在空中遭到机枪扫射，不少降落伞被子弹打穿，但无人员伤亡。

2.达成作战目的

就这样，仅仅一天的激战，美军便夺取了珍珠和萨林斯两个对战争具有决定意义的机场。战至26日，美军在格林纳达的地面部队人数已达6000人，形成了三倍于守军的优势。美军借此逐个摧毁格军据点。很快，美军就攻占了格军司令部所在地弗雷德里克堡。

28日，美军南北两路会师于圣乔治，完成了对格林纳达首都的占领。至此，美军基本控制了格岛的所有要点，入侵行动总目标已经达成。格林纳达部队作鸟兽散，零星武装人员退往北部和中部山区，继续抵抗。为扩大战果，美军将部分部队化整为零，开始了广泛的地面和空中相结合的搜索活动，以寻歼格军残部和政变领导人。

11月2日，美军基本控制了格林纳达全境，入侵战争结束。

作为世界军事大国的美国，采取明火执仗的入侵方式突袭一个小小的岛国格林纳达，是典型的侵略战争行为，是对一个主权国家内政的野蛮干涉和国际秩序的公然践踏。不过，抛开这场由美国发动的不义之战不说，就其战斗本身而言，作为美国兵力、武备投送与参战急先锋的多型直升机，在这场战斗中所体现出来的各种优势还是可圈可点的。

龙虎斗：阿富汗战争中的美苏直升机

要问世界上最悲惨的国家有哪几个，相信很多人都不会忘记阿富汗。没错，作为一个位于亚洲中南部的内陆国家，不但"地无三尺平，人无半两银"，而且常年战争不断，除了塔利班与政府军的较量，甚至连美苏两个超级大国也先后插足其间，让这个苦难的国度至今民不聊生，哀鸿遍野。

欺就欺，打就打吧，关键还派出了自认为最好的直升机，不仅成天轰轰如响雷般腾云驾雾，而且这里扔炸弹，那里射导弹，搞得阿富汗人民心惊胆战，生不如死。

事实上不少人都说，"阿富汗这种重峦叠嶂的地方，根本就不适合航空兵器

➤ 苏联米–24直升机

运用"。的确，参加过阿富汗战争的苏联和美国军人也发出过类似的抱怨，但不可否认的是，没有空中支援，苏联和美国军人就得更多地按照对手的套路作战，其付出的伤亡代价无疑会成倍增加。

英国说，在阿富汗作战的苏军和美军直升机序列里，米-8、米-24和AH-64"阿帕奇"系列是绝对主力，它们在阿富汗的作战经验和教训，对今天仍致力于"非对称作战"的各国军队而言仍颇具价值。

1. 苏联军队战术

苏军对直升机的战术研究起步较早，而且从一开始就置于大纵深突击理论体系之下，所以秉承了浓厚的突击色彩。在美军还在摸索的时候，苏军就已经开始量产米-24，作为军方一级遂行战术突击的重要平台。

苏军早期的直升机战术研究还有另一个重要背景，就是核条件下的突击。当时苏军将核突击也作为战役突击的手段之一，并且认为在核条件下，用直升机投送兵力兵器遂行突击比地面装甲部队突击更有优势，受地面核污染影响更小。

苏军早期的直升机战术研究并没有形成独立使用的观点，仍然是作为装甲突击部队的辅助力量而定位的，这是与美军当时最为主要的差别之一。随着米-24的出现，标志着苏军直升机战术研究已经从战役层次的研究向战术层次研究的深入。与美军一代武装直升机在匆忙中面世不同，米-24的出现可以说是正儿八经研制的，当时的中心思想是辅助坦克突击，提供近距火力支援，也难怪被称为"飞行坦克"。

但阿富汗战争成为苏军直升机战术发展的转折点，首先战场环境和战术任务与之前的突击理论不再符合，在阿富汗苏军长时期执行的是战场控制和中小规模常规战斗，大规模集中使用直升机遂行高强度战斗已经没有可能，也无必要。反而是因为在崇山峻岭中星火燎原一般的游击队，只有靠直升机才能有效应付。

在阿富汗，苏军摸索出了一套有效的直升机反游击战术，主要以空降兵为主，混编米-24和米-8。在战斗中，首先用直升机在目标周围分层次投送兵力，形成合围态势，逐渐向目标形成压迫态势。在战斗中，米-24一般以4机编队，在圆形机动中轮流实施对地攻击，既能保持对敌攻击火力的持续性，又能保障对战场的有效监视，及时防范和压制地面防空火力的攻击，号称"火轮"战术。

正是因为苏军的直升机战术使用得当、有效，才使得阿富汗游击队蒙受了重大损失，一度丧失有效的活动能力，连士气也大幅低落。也因此，美国不遗余力地输送毒刺导弹。游击队靠着这件撒手锏终于报了一箭之仇，苏军也因此蒙受了重大损失。不过苏军很快就缓了过来，随着苏军战术的改进和反导弹压制设备的

➤ 苏联米-24直升机

改装，苏军很快又重新控制了战场的主动权。事实上，当年的苏军远比现在联军的战斗力强、经验丰富。

总结苏军的直升机战术可以这样概括：武装直升机负责踹门丢板砖，米-8一般避开敌火力投放兵力兵器进行封控，除非有绝对优势，一般不做强行的突击机降；大型运输直升机则主要保障装机部队的突击行动，运送油料、弹药和物资。在编制上，苏军的直升机主要隶属于空降部队，师一级只编有一个米-8大队，18架。

2. 美军在阿富汗的战术运用

上面介绍了苏军直升机在阿富汗的战术运用，再来看看美军。

2001年"9·11"恐怖事件发生后，美国将矛头直指事件头号嫌疑犯本·拉登及其"基地"组织。随后，英、法等国相继跟进。动用5个航母编队及500多架战机，对阿富汗实施了军事打击。

兵马未动，特战先行，这历来就是美军的标准作战"姿势"。随着空中打击行动的逐步展开，美军组成匕首特遣部队，计划从长住乌兹别克斯坦的桥头堡——K2基地向阿富汗渗透第一批特战小组。为达此目的，陆军第160特种作战飞行团第2营的飞行员驾驶MH-47E和MH-60L直升机在跑道待命，以便直升机安全飞越险峻的兴都库什山脉。

之后，经过两周空中火力打击准备，第一批两支A特遣部队在2001年10月19日夜至20日凌晨渗入阿富汗。第一支抵达阿富汗的是由12人组成的555A特遣部队。该小组在潘杰希尔山谷与碎石机分队取得联系，并前往一个安全藏身处与军阀法希姆·汗的代表会面。法希姆·汗是北方联盟军事指挥员马苏德的继任，该分遣队第二天就开始与法希姆·汗的部队并肩作战。

当晚，天气非常恶劣，两架伴随运送第2支特遣部队的MH-47E直升机和MH-60L直升机被迫返回K2基地。MH-60L直升机机翼结满了足以致使直升机坠毁的冰，在这种条件下，该机除飞越4877米高的山峰外，还必须在飞往阿富汗途中对抗沙尘暴。

MH-47E直升机机组人员努力在当地时间早晨2时成功地降落在马扎里-沙里夫首府以南的山谷。第595A特遣部队在直升机着陆区与乌兹别克族军阀杜斯塔姆将军的民兵会面，杜斯塔姆将军是北方联盟最大一个派别的指挥员，他在马扎里-沙里夫周边建立起强大的基地。

截至2001年底，美军出动直升机作战2000架次以上，投送战略物资数十万吨，运送伤员无数。

阿富汗战争是美国以"反恐怖"名义发动的战争，是一场以直升机空中精确打击为主要方法、实力对比悬殊的非对称战争，它揭开了美国新世纪直升机作战样式的序幕。

从美国、苏联两国在阿富汗的作战技术和形态上比较，两场战争既是国与国、人与人之间的较量，更是直升机之间的"拳击场"。所不同的是各为其主，

➤ 美军直升机

➤ MH-47E直升机

也就是自家的利益；而相同的则是都给阿富汗人民带来了深重的灾难和抹不去的伤痛。

被"黑鹰"带走的巴拿马总统

1989年12月20日，美国以保护在巴拿马的美国人生命安全和维持巴拿马的民主进程等为借口，公然入侵巴拿马，制造了一起震惊全球的侵略事件。尤其是事件中将该国领导人诺列加带往美国迈阿密以走私毒品和敲诈勒索的罪名进行审讯并判罪，更是开了一国"长臂管辖"的最恶劣先例。

1. 巴拿马运河问题的由来

巴拿马共和国是一个位于中美洲，人口200万、国土面积不足8万平方千米的小国。1903年，美国强迫刚刚取得独立的巴拿马签订不平等条约，取得了开凿巴拿马运河的权利，并且永远租借运河和运河区。

经过11年的努力，到1914年巴拿马运河终于开凿成功，这不仅让大西洋到印度洋之间的航程一下子缩短了1万多千米，而且作为主要受益方的美国，更是看到了滚滚钞票向自己流淌过来。

从与巴拿马共和国签订不平等条约的那天起，美国就一直是运河的主要用户和受益者，当时的美国以一次付给1000万美元和每年交付25万美元租金的低价，攫取了开凿运河权和对运河区的永久租借权。运河凿通后，每年运河总收入为3亿多美元，绝大部分为美国所得，巴拿马只能得到很小的零头。此外，美国还把运河西岸16千米范围划为运河区，由美国政府任命总督，升美国国旗，实行美国法律。设立美军南方司令部，不许巴拿马人入内，运河区就成了"国中之国"，美国每年从运河通行税中掠走1亿多美元。

在巴拿马人民的抗议下，美国被迫于1936年把该运河租金增加到每年43万美元，1955年又增加到193万美元。

1958年5月至1964年1月，巴拿马人民在埃及将苏伊士运河收归国有的鼓舞下，又无数次地为运河区主权的问题对美国提出抗议。

就这样，几十年来，巴拿马人民不断地为收复巴拿马运河的主权而斗争。经过长期努力，两国终于在1977年签订了新的运河条约。新条约规定，1999年12月31日午时之后，运河完全交由巴拿马管理。从1990年起，运河区管理委员会的主任应由巴拿马人担任（副主任由美国人担任）。美国的南方司令部也必须同时撤离运河区。对于美国来说，运河是它的生命线，失掉运河的管理权，会给它带来严重的政治、经济和战略后果。因此，美国必然要千方百计地保留它在运河和运河区的利益。

➤ 美军"黑鹰"直升机

2. 美国阴招迭出

美国十分希望搞出一个唯自己马首是瞻的傀儡，以替换掉如今处处掣肘的诺列加政权。为达到目的，华府上下可谓是全体动员，摆弄了无数花样急欲置后者于死地。这些手段除了外交、经济的以外，最拿手的当然是打仗，这一方面是美国的强项，二是可以一劳永逸。由此，美国开动国内新闻机器，铺天盖地地制造各种噱头，全面抹黑诺列加，鼓动巴拿马百姓起来造反。

经过这一番运作，美国的伎俩终于初见成效。1989年10月初，巴国深受美国忽悠的军队中的个别中下级军官突然发动军事政变。好在诺列加早有防备，及时挫败了这起政变叛乱。

然而，一计不成再生二计，当时的美国总统布什，见忙活半天却成了竹篮打水——一场空，自然是一百个不甘心。为此，他亲自主持召开国家安全会议，并力主加大投入，增加经费，同时签署追加300万美元的专项资金，给中央情报局下达死命令。目的无他，继续搞事情就好。这是一着明棋，还有第二着阴棋，就是神不知鬼不觉地向巴拿马调派近5000海军陆战队员，分批送往巴拿马。与此同时，集结大量的战事装备，包括火炮、装甲战车、坦克以及各类武装直升机，其强占巴拿马，入侵邻国的阵势与野心昭然若揭。

美国这样神出鬼没，理由有二：一是以大欺小，授人以柄让世人耻笑，正所谓胜之不武；二是缺少理由，属于蛮干，也就是出师无名。怎么办？以布什为首的美国当权者一时间抓耳挠腮。

正在他们六神无主的当口，中央情报局得到"情报"，而且是言之凿凿——

➤ 入侵巴拿马的美海军舰载直升机

诺列加吸毒，还走私贩卖毒品。一时间让布什如释重负。

谁都知道，全世界只要一提到毒品就是滔天大罪，不说是20世纪80年代，即便到了21世纪的今天，人们依然是谈"毒"色变，更何况是巴拿马的一国之君，居然敢干这事儿。

找到这样的理由，美国形象似乎当场高大上起来。美国指控：诺列加不仅自己亲自参与到全球性的毒品走私活动中，而且还与哥伦比亚的大毒枭相勾结危害美洲大地，中饱个人私囊。

就这样，"一身正气"的美国人扛着"活捉贩毒者"的大旗，以自己的国内法提前将诺列加列为罪犯并提出公诉。对此，诺列加虽为一国之君，却国小言轻，百口莫辩，只能打落牙齿往肚子里咽。

3. 明"抓毒贩"，暗"出恶气"

找到"软肋"，就有了出兵的"理由"。当然，"抓毒贩"是美国的主要行动借口，而"出恶气"则是美军的核心。因为在确定"毒"理由之前的12月16日晚，美国大兵曾受过巴国国防军的气。当时的情形是，4个美军下级军官喝完酒，乘车兜风路过巴拿马国防军司令部所在的大街时，因得意忘形，将尚未熄灭的烟头弹到了巴拿马国防军士兵身上。这种严重的霸凌行为顿时惹得巴军士兵火冒三丈，由此几名巴军值守当即扭着美军要求对方道歉。长期颐指气使、不可一世惯了的美国大兵哪受过这种窝囊气，于是借着酒劲与对方干了起来。期间你的铁拳横飞，我的衣衫成旗，双方都出现鼻青脸肿的状况。都是军人，拳头解决不了自然是上家伙什儿。结果，不经打的美国大兵被打死一个，而巴国士兵也多人受伤送医。

这事要放在平时，也就各打五十大板，相互谴责、声明，然后唾面自干完事。可当下的事态，显然是火上浇油。还没等巴国反应过来，美国的照会便摆到了诺列加的案头。

而美国一面发动"文斗"，指责巴拿马有预谋的首先开枪，挑起事端，一面通过国防部表示强烈抗议。

如此表演一番之后，又一个"正当"理由出炉，这就是"自卫"。本来就被污名化的诺列加一看，这下完了，"数罪"并罚，自己看来是在劫难逃了。

果不其然，从1988年4月到1989年10月，美国在巴拿马国周边不停地"叫阵"，一会儿调集四五万美军在加勒比海不停地举行大规模军事演习，敲山震虎；一会儿在南方司令部统一调配下，动用海陆空军力，在巴国首都附近呼啸呐喊，穿梭示威，其意图不言自明。

➤ 攻打巴拿马国防军的美军直升机

4.软硬兼施，总统被抓

就在1989年还不到半个月就要结束的前夜，美国总统乔治·布什终于按捺不住躁动，正式决定对巴拿马动武并明确代号为所谓"正义事业"。

接着他又命令近三万美军兵分五路袭击巴拿马各军事要地，为保证速战速决，布什可谓尽遣精锐，"闪电"出击，甚至将当时最先进的F-117A隐形战斗机也推上了前线。

首当其冲的是位于巴拿马首都西南里奥阿托镇的百姓，不仅要挨住在附近美军的冷枪冷炮，还要提防隐形战机的轰炸。百姓日子过得苦，当家的诺列加更苦。不仅自己的私人小飞机被炸，连机场也被轰成乱坟岗。其实，在美军打来时，诺列加也想过逃跑，哪知道，美军的"海豹"突击队本就是一帮比兔子还精的家伙，天上的路堵死，是怕你跑得太快，而水陆之路更是他们的拿手好戏。果不其然，这帮受过专业训练的"海豹"，除了炸沉诺列加的个人游艇，甚至将他的贴身保镖也悉数活捉，堂堂巴拿马总统顿时成了孤家寡人。

上到总统如惊弓之鸟，下到百姓如倾巢之卵，剩下中间的士兵们，在美军面前自然成为散兵游勇，只能胡乱开枪。仅国防军第6连和第7连就于开战当天，被美军5支"红色特遣队"打得溃不成军，死伤过半并有250人当了俘虏。

整个战斗仅仅打了三天，巴国便在美军的攻势下败下阵来，全国零星抵抗结束，无数国防军被解除了武装。

回头再看诺列加，最信任的心腹、奇里基省的巴军司令早向美军俯首称臣，两名肝胆相照的保镖伤势严重，只能自己驾车，跑到了梵蒂冈驻巴拿马大使馆请求政治避难。虽说暂时获得喘息机会，但他心里也清楚，这样绝非长久之计。

正在诺列加寻找对策之时，美军很快得到其藏匿的消息。于是旋即赶到并将梵蒂冈大使馆围得水泄不通，同时照会梵蒂冈大使交出诺列加。但梵蒂冈大使态度强硬。美国也知道，侵犯教主将成为全球基督徒的公敌。于是，放下霸气，使起了软刀子。他们在梵蒂冈使馆外架起高音喇叭，除了放开音量不停地播放刺耳的摇滚音乐，顺带夹杂污言秽语外，还调来无数直升机、坦克，在使馆天上、地下不停地嘶吼。巨大的噪声让梵蒂冈使馆内的人犹如身在炼狱一般。

万般无奈之下，梵蒂冈使馆只好同意放人。

就这样，被美军逼得走投无路、筋疲力尽的巴拿马总统诺列加，于1990年1月3日宣布"自愿举手投降"。接着，美军派出"黑鹰"直升机，将诺列加送往美国的霍华德空军基地。不久，他又被转至佛罗里达州迈阿密法院。至此，一国总统正式成了他国编号为41586号的囚犯。

➤ 运载诺列加的美军"黑鹰"直升机

火力全开：当今六大武装攻击直升机

第七章

Chap.7

　　武装直升机不仅是地面突击的重要兵器，是坦克的克星，对地打击能力十分强悍，而且也具备一定的对空打击能力。有资料显示，武装直升机就曾经出现过击落战斗机的案例。限于篇幅，本章仅就目前全球最具代表性的六种武装直升机做简要介绍。

"坦克终结者"：AH-64 "阿帕奇"

AH-64武装直升机，绰号"阿帕奇"，通称波音AH-64"阿帕奇"，是美国陆军当前在役主力战机。该机自面世之日起，便凭借其强悍的功能及突出的实战表现，被各国军事爱好者评定为世界武装直升机综合排行榜第一。

有资料证实，作为AH-1眼镜蛇攻击直升机后继型号的"阿帕奇"，每架最多可挂载16枚"地狱火"导弹，换句话说就是一架"阿帕奇"出击即能将相同数量的坦克送入坟墓，简直就是战场狙击手。或许是兼具这般强大的反坦克、反装甲能力，它也一度因此被比作"坦克终结者"。

1. AAH计划

AH-64武装直升机的研制，发端于1973年美国所提出的"先进武装直升机计划"，也就是AAH计划。事实上，在拟定此计划之前，美国陆军就非常激进地搞过一个"AAFSS"计划，翻译过来就是所谓的"先进空中火力支援系统"。后来拖拖拉拉花了不少钱，效果却是令人十分失望，国会一看，这么耗下去不行，于是直接冻结了这套计划的拨款。得罪国会就拿不到钱，没办法，美陆军又是检讨，又是悔过，最后终于搞出了一个新的"绝对可行"的替代方案，这便是AAH计划。

因为名称改成了高大上的"先进计划"，所以AAH计划摒弃了武装直升机原来作为地面部队辅助者，仅仅提供火力支援的弊端，把重点放在了弥补固定翼攻击机反坦克能力的不足上。

事实上，作为当时身处美苏争霸前线的北约国家，人人都清楚，以苏联为首的华约，坦克及装甲数量早就对北约形成压倒性优势，为此美国更是如坐针毡。所以，当新计划中着重提出加强反坦克能力的构想时，全美上下可谓喜出望外，巴不得快点"成型"，以扭转颓势。当时的美国基本集合了全国所有直升机生产主力，如贝尔、波音、西科斯基、洛克希德以及休伊等多家厂商参加竞标。

当年年中，美陆军终于敲定休伊与贝尔的设计通过概念设计阶段，并迅速拨款给双方各制造两架飞行测试原型机与一架地面静态测试机进行进一步的竞争。休斯的概念型编号为Model-77，军用编号为YAH-64；贝尔的设计则为Model-409，军方编号为YAH-63，双方的原型机都从1975年9月起展开试飞。经过激烈的竞争，美国陆军在1976年12月10日宣布YAH-64获胜，并赋予其AH-64的正式编号，成为美国陆军继AH-1系列后的新品专业武装直升机。

起初，AH-64的首款量产型直升机被定为AH-64A，中间又经过七八年的运

➤ AH–64 "阿帕奇" 武装直升机

➤ AH–64 "阿帕奇" 武装直升机

行调试，才从1984年开始正式服役，两年后AH-64A达到了初始作战能力。期间，有超过800架AH-64A型号的直升机被美国陆军接收。AH-64A可谓不鸣则已，一鸣惊人，想想美军在它身上所动的心思，只能用不遗余力来形容。

2. AH-64阿帕奇机体结构

AH-64的第一种量产型号为AH-64A，其机体采用双段式布局。座舱罩以防弹玻璃制作，平板设计，以确保驾驶员安全。该机属双人纵列式座舱构型，正副驾驶座之间有防弹玻璃隔开，为的是避免正副驾驶员同时遭敌方武器击中的风险，同时也是为提高战机的战场生存能力。

AH-64配备全铰式（全关节式）四叶片式主尾旋翼，这种旋翼分两段，前段采用玻璃钢增强的多梁式不锈钢结构，后段敷以玻璃钢蒙皮的蜂窝夹芯设计。经实弹射击检验，其旋翼桨叶能有效防止12.7毫米以下枪炮所带来的伤害。

此外，与传统的挥舞铰和变距铰相比，AH-64旋翼系统的钢带叠层支架与弹性轴承不需要润滑与密封，这大大减轻了后勤维护工作强度。它的起落架具有极强的吸震力，能承受机身快速冲击地面时产生的力量。位于机身两侧短翼上方的两具T-700-GE-701涡轮轴发动机间距极大，遭敌方武器命中后同时受损的概率微乎其微；此外，发动机排气口装有气冷装置，能在排气口周边导入清凉空气来降低废气温度，降低被敌方肩射红外线防空导弹锁定的概率。

有军事专家评价，仅就AH-64及其随后衍生产品的机体结构而言，均优于全球同类型的直升机。

3. AH-64航电系统

AH-64的观测/射控系统既复杂强劲，又具有较高的精密度，该系统设置于头部部位，由两部分组成：一是AN/ASQ-170目标获得系统，二是AN/AAQ-11飞行员夜视系统。两套装置相互补充，达到全天候攻击效率。但这样的配置也存在一些弊端，如，在雷暴、雾霾等恶劣气象条件和沙尘、浓烟、炮火等状况下，其红外、光学观瞄系统无法正常工作；再比如，因制导方式限制，当战机发射地狱火导弹时，机头必须露出，而这样的操作极易遭受攻击。还有就是系统设计过于复杂不利于操作，后来虽经过改进，加装了1553B数据链，但"老瓶装新酒"无法合理整合。

4. AH-64动力及武器系统

动力系统方面：AH-64A使用通用动力的T-700-GE-701涡轴发动机，该发动

➢ AH-64A "阿帕奇"武装直升机

机属于T-700系列第一阶段改良的型号，总压比为17，每具的最大持续输出功率为1510马力，能以1698马力持续输出30分钟（如起降阶段），在紧急情况下（例如只剩一具发动机）则能以1723马力的功率输出2.5分钟。

武器系统方面：AH-64A的机身两侧各有一个短翼，每个短翼各有两个挂载点，每个挂载点能挂载一具M-261型19联装2.75英寸（70毫米）海蛇怪-70火箭发射器（或是M-260型七联装70毫米火箭发射器）、一组挂载AGM-114地狱火反坦克导弹的四联装M-299型导弹发射架。当AAH在进行时，便极端注重空射反坦克导弹，但是当时服役于美国陆军武装直升机部队的BGM-71陶式反坦克导弹却无法满足AAH的需求。

5. AH-64的参战经历

"阿帕奇"1989年在巴拿马首次参战，并在1991年"海湾战争"和空袭南斯拉夫联盟（简称"南联盟"）以及伊拉克战争中，"阿帕奇"均显示了很强的作战能力，对坦克和装甲车以及其他车辆和人员等软、硬目标均有很强的打击力。

2003年3月24日在美军进攻巴格达的行动中，32架AH-64"阿帕奇"武装直升机对驻守在卡尔巴拉的伊拉克共和国卫队"麦地那"师发动的猛烈攻击打响了巴格达之战的第一枪，并且在短时间内击毁了伊军的10辆坦克。

➢ AH-64A武装直升机

　　上述这些技术特点与作战能力，已经远远优于俄罗斯或其他西方国家任何一种21世纪之前服役的武装直升机，而且直到现在，也没有哪个西方国家具备像AH-64那样的世界级火力配置。因此，有人说AH-64武装直升机是坦克终结者毫不过分。

"蝰蛇"出没：美国AH-1Z武装直升机

　　AH-1Z直升机是美国贝尔直升机公司正式推出的一款武装直升机，也是美军H-1升级计划的一部分。因为其完全脱胎于AH-1W"超级眼镜蛇"攻击武装直升机，所以有了个新名字叫"蝰蛇"（英语谓之AH-1ZViper）。有计划称，至2021年，将有超过300架该型直升机装备美海军陆战队。

　　1. "蝰蛇"的前身

　　早在1979年即将过去的时候，贝尔公司就将AH-1S的2叶片旋翼系统换成了4叶片旋翼系统，从而搞出了一款新的直升机，这就是"眼镜蛇II"，也称为"贝尔-249"，其原型机经过第一次试飞、调试，并在第二年的英国范堡罗航展上正

➤ AH-1Z "蝰蛇"武装直升机

式亮相，获得积极评价。之后，贝尔公司又对"眼镜蛇Ⅱ"作了进一步的完善，除装备全新的瞄准系统，使其具备"海尔法"导弹发射能力外，还更换了新的发动机。

　　搞了这么多铺垫后，贝尔开始向美军方提出建议，是否将这类改进内容也嫁接到当时的AH-1S升级计划里去。然而，一片好心贴上了冷屁股，美陆军根本没理睬贝尔的想法，他们只是希望在所谓的"轻型直升机实验计划"中借鉴这些改进。这样的愿望一直拖到RAH-66"科曼奇"直升机的出世与寿终正寝。

　　后来，又几经磨难一直到1993年，英国的陆军航空兵为新型攻击直升机招标。贝尔公司和主承包商英国的BAE系统公司共同研制了一款和AH-1Z非常相似的直升机，即"眼镜蛇毒液"。它以AH-1W机身为基础，装配现代化的双发动机，拥有重新设计的短翼和4个外挂架，每个挂架都可以携带"硫黄石""海尔法"和"陶"式反坦克导弹。

　　美国海军陆战队有意将BAE系统公司的新型全集成数字航电系统作为其"集成武器系统升级计划"的一部分，并打算为AH-1W配备该航电系统。

　　1995年6月，"眼镜蛇毒液"的设计做了改动，包括换装4叶片旋翼系统。虽然同年7月英国宣布AH-64D赢得合同，但仍有不少人看好"眼镜蛇毒液"，该设计直接转变成AH-1Z计划。

➢ AH-1Z "蝰蛇" 武装直升机

1996年美海军陆战队与贝尔公司签约，计划把180架AH-1W型攻击直升机改进提升为AH-1Z型，另外100架UH-1N型通用直升机改进提升为UH-1Y型。值得注意的是，AH-1Z型直升机不仅与UH-1Y型直升机一样，使用相同的尾舵、发动机、软体、操控等系统，而且其80%以上的零部件都是通用的，这也极大地降低了研发生产与后期维修成本。

四年后，AH-1Z型攻击直升机完成了自己的首次试航。又过了两年，3架AH-1Z原型机开始进行作战测试评估。

2005年5月完成海上作业验证，并于同年10月，第1架交机给美海军陆战队进行舰上作业验证。2006年，AH-1Z完成研发验证课目，2008年2月1架AH-1Z正式交给美海军陆战队，开始进行最后阶段的作战能力验证。2010年9月，AH-1Z型攻击直升机宣布完成"初期作战"能力。

2. "蝰蛇"的结构、性能

虽然AH-1Z名义上是"眼镜蛇毒液"的改进型，零部件通用率也很高，但纵观整个改进过程，其工作量已经不亚于开发一种全新的武装直升机了。

首先是旋翼结构的改进，除采用复合材料制成外，为减少体积，其主旋翼采用半自动折叠功能；其次是空用航电，配置了全新的"综合航电系统"（IAS），包括2部电脑与1套自动飞控系统；前后驾驶舱皆有两具8×6英寸（约

20.3厘米×15.2厘米）的多功能液晶显示器、1具4.2×4.2英寸（约10.7厘米×10.7厘米）双功能液晶显示器；通信方面，采用RT-1824无线电（特高频／甚高频）数据传输系统；导航方面则运用GPS全球惯性导航、定位以及数位化地图系统等；再者，强化了对地攻击主轴，优化了武器装载与追踪瞄准系统。

此外，在AH-1Z"蝰蛇"驾驶员身上，安装了霍尼韦尔公司的双嵌入GPS／INS导航系统和泰利斯航空电子公司制造的头盔瞄准系统——"顶级猫头鹰"（TopOwl），该系统可灵活组配位置。

"顶级猫头鹰"头盔仅重2.2千克，其设计完全基于双镜投影图像概念，它能确保头盔瞄准系统图像产生在机组人员的双眼前。而这样的改进设计也彻底颠覆了夜视仪的观瞄原理，其双镜投影既减少了隧道效应，也让成像效果更加逼真自然，为机组人员提供了极佳的周边视觉环境，使飞行员通过放大的图像看清方向，在明亮的市区和正常战场环境下更为安全地飞行。

3."蝰蛇"的机载火力与防御

（1）火力系统方面

①设置于机头部位的一门3管M197型20毫米加特林机炮，备弹750发。

②两侧短翼共6个挂点（含翼尖的1对挂点），翼尖挂点可挂载AIM-9"响尾

➤ 降落中的AH-1Z"蝰蛇"武装直升机

蛇"系列近距离格斗弹各一枚。其他的4个挂点几乎可挂载美军直升机所能发射的所有弹巢（种），如7管LAU-68C/A、19管LAU-61D/A火箭弹巢；APKWSII激光半主动制导火箭弹、70毫米Hydra70 "九头蛇"无制导火箭弹等。也可以挂载4个4联装发射架，搭载16枚AGM-114 "地狱火"导弹，或者是搭载两个100加仑（约379升）副油箱，以拓展作战半径和增加滞空时间。

（2）防御系统方面

主要包括悬停红外抑制系统（HIRSS）、激光告警装置、雷达/导弹告警系统和箔条/红外干扰弹发射器等。

从总体看，AH-1 "眼镜蛇"是美国研制的首款，也是全球第一种专业武装直升机，它不但开创了这一类直升机的先河，更奠定了武装直升机的未来格局。而脱胎于AH-1的AH-1Z "蝮蛇"武装直升机，早已成为美国海军陆战队的现役最先进武装直升机，虽然受AH-1家族平台大小的限制，它的能力要真正与赫赫有名的"阿帕奇"比起来还有相当差距，但它诸多独特的性能却完全可以与陆军的AH-64 "阿帕奇"相媲美。

一专多能的"母鹿"：米-24直升机

时间的车轮刚刚驶入20世纪70年代，历来对坦克充满渴望的苏联军队便获得了一款别样的"坦克"，它有别于传统的履带装甲车辆，不仅头顶上带着一副硕大的旋翼，身体两侧短翼下还挂满了火箭弹和反坦克导弹，尤其是它的正面所安装的那挺4管12.7毫米机枪，像极了坦克的炮管，直刺云天。这个如坦克庞大且会飞的"空中坦克"（也有人说它是真正的带旋翼的强击机），就是苏联米里设计局研制的第一代武装直升机米-24，北约给出的代号为"母鹿"（Hind）。

1.定型生产

"母鹿"定型于1971年，次年试飞并迅速进入批量生产，从此，苏联空中一树之高的领域内成了"母鹿"纵横的道场。有资料显示，当今世界上每四架直升机中就有一架是米尔直升机或米尔直升机的衍生与变种。到1999年为止，世界上大约有3万架直升机挂着米尔的名字。

米-24属于中型多用途武装直升机，是苏联时期第一款一专多能的武装直升机，除用于为己方坦克部队清除防空火力、开辟前进通道、排除各种障碍外，还担负为米-8和米-17机群护航等多重任务。

➤ 米-24"母鹿"武装直升机

➤ 米-24"母鹿"武装直升机

2.米-24的结构性能

米-24早期型的基本结构和机械取自米-8，拥有两台最大功率为2230轴马力的TV3-117涡轮轴发动机，最大飞行速度335千米/时。"母鹿"的驾驶舱位于机头，飞行员座有装甲保护，驾驶舱侧面和发动机罩也有装甲保护。此外，该机还有一个可以携带8名步兵的座舱，在应急时可以运兵。

"母鹿"机身比较窄，以减小迎风阻力。机门仍保留概念设计时上下分别打开的设计，有机械助力开关，下半门内置台阶，方便登机、离机之用。机窗的"窗台"上设有供机载步兵步枪射击用的支点。机身为普通全金属半硬壳式短舱尾梁结构。机身两侧有比西方设计大得多的全金属悬臂式短翼，平面为梯形，具有约16°下反角和20°安装角，翼面为固定翼面。在巡航飞行时，短翼约可提供25%的升力，垂尾偏置3°。旋翼桨叶和尾桨桨叶均装有电加热防冰系统。

作为攻击直升机，米-24具有火力强、装甲厚、速度快、载重大、爬升好的特点，不光可以提供直接的强大火力支援，还可以运载突击分队或护送伤员。这些都使它成为战斗搜索救援的理想载体，可以在敌后独立地搜索营救被击落的飞行员，但没有见到苏联把米-24作为专用救援的记载。

纵观整个冷战时期，"母鹿"武装直升机就是恐怖的代名词，无论是步兵、坦克，甚至是对方的武装直升机，见到这种外形狰狞的"空中杀手"都会想方设法要么规避，要么旁观。在战斗中，米-24直升机甚至使用反坦克导弹击落过敌人的F-4"鬼怪"战斗机，可见其有多强悍。

➤ 米-24"母鹿"武装直升机

3. "谁最能打"？

事实上，如果全球来一个"谁最能打"的直升机比赛的话，米–24"母鹿"武装直升机绝对可傲视群雄，原因有二：第一，身经百战；第二，战场经验丰富。有资料表明，在"母鹿"问世后的20多年里，它几乎参与了包括"两伊"战争在内的全球大大小小近三十场热点局部战争，从欧洲的波黑到中亚的车臣，从南美的尼加拉瓜到非洲的安哥拉，如此大杀四方的直升机，在人类历史上除了米–24，再无其他。

4. 实战表现

"母鹿"的处女之战发生在1978年的埃塞俄比亚，当时索马里军阀巴尔将军进攻埃塞俄比亚的厄立特里亚省，埃塞俄比亚的米–24由古巴飞行员操纵，在苏联顾问指挥下，发动反击，取得极佳的战绩。

1979年底，一场长达10年的侵略与反侵略战争在阿富汗打响，交战的双方力量悬殊，作为进攻和占领方的苏联，在阿富汗这一"帝国的坟场"上，投入了大量的现代化兵器和有生力量。但面对阿富汗这块"又硬又臭"的"茅（厕）石"，强大的苏军最终仿佛深陷泥淖的莽汉，进退失据、左右为难。其中原因一是苏联开战的无理，所谓得道与失道；二是美国的神助攻与暗使劲。

➤ 涂装强悍的"母鹿"

好在苏联拥有强悍的"母鹿"，尽管阿富汗军队有美国和西方"赞助"的专门对付米-24的"毒刺"导弹，但"母鹿"依然"上下翻飞"驰骋沙场。

　　我们都知道，阿富汗是个多山的国家，地面交通和机动展开困难，战场制高点的控制就显得十分重要了。再加上对手是神出鬼没的游击队，他们熟悉地形，身经百战，战斗意志坚定。

　　在这种情况下，"母鹿"便成了作战行动的最佳配置。它不但采取双机、四机等小机群出击，而且还经常以集团协同攻击的战术重创游击队、执行所谓"猎人"行动、截断圣战者们的运输线等。人们耳熟能详的"车轮战术"，是第二次世界大战时伊尔-2强击机惯用的战术，也称"死亡之轮"，往往都是几架飞机绕着目标兜圈子，边转圈子边不断地向目标射击。苏军飞行员的动作很泼辣，有时长机攻击还未脱离，僚机已经在长机左右开始攻击，弹道之近，可谓奋不顾身。

　　虽战绩辉煌，但损失也不小，这方面的原因有"母鹿"自身的不足，也有人为因素。米-24的水平机动性不足，而水平机动性对于空中格斗至关重要；其次，由于"母鹿"主旋翼翼载过高（比重量和动力系统相仿的米-8低一半），所以，造成其做持续高速机动时失速（也就是掉高度），比如在以250千米/时速度作20°俯冲拉起时，可能出现掉200米以上高度的状况。这样的结果轻则影响机动效果，重则导致主旋翼直接打到尾撑，甚至造成机毁人亡的事故。

➤ 米-24"母鹿"武装直升机

而在阿富汗战场的实践也佐证了这两点。米–24的毁损率十分惊人，据苏军日后统计，当时驻阿富汗苏军"母鹿"每年的毁损率都在8%～12%之间，有时甚至超过20%。由于害怕出事，后期苏军只能采取节约米–24飞行小时数的方法，以避免不必要的"内耗"。

另外，为了保证战力，苏军对战损的米–24一般采取战地维修的方式，尽量维持零件拆配因地制宜、所有大修皆不回国的方针，这无形中也给"母鹿"的战场能力发挥造成了负面影响。

绰号"浩劫"：米–28直升机

米–28直升机，是苏联米里设计局研制的单旋翼专用武装直升机，北约给出的绰号为"浩劫"（Havoc）。由于其设定的作战特点和布局结构与美国的"阿帕奇"直升机有很大的相似度，所以，西方有人调侃米–28为"阿帕奇斯基"。

在美国的阿帕奇武装直升机诞生之后，苏联就一直耿耿于怀，梦想着研制一款能与之媲美或是超越它的武装直升机。虽然由著名的直升机设计大师米哈伊尔·米尔设计出的米–24武装直升机已经超越其前辈不少，但与"阿帕奇"相比，仍然是小巫见大巫，拿不出手。

➢ "浩劫"直升机

为此，苏联于20世纪80年代开始筹划并设计米-28直升机，两年后原型机首飞，尽管从设计到原型机出厂争分夺秒，速度也够快，但绝大部分的细化研制工作却拖了整整七年之久，直至人类进入世纪末的1989年年中才宣告成功。

"浩劫"放弃了米-24许多独特的设计理念，如气泡形风挡、能装载多名步兵的运兵舱等。由于米-24实质上是米-8的一种改进型号，所以"浩劫"当仁不让地成为苏军第一种专用武装直升机。

米-28自诞生之日起便受到了全球尤其是北约的高度关注。总的来说，米-28"浩劫"的技术表现有三大特点：

1.结构独特的短翼设计

由于米-28研发所针对的就是阿帕奇，所以，其采用了很多先进技术，除了整机布局、性能特点和武器挂载方式完全采用当时流行的元素外，而且加入了自己的特色，这就是短翼设计，全称小展弦比悬臂式短翼。该短翼位于机身中部，前缘后掠。通过这样的安排，可以让战机在飞行中产生较大的控制力矩，进而有利于对直升机进行涡流、纵向及航向的控制，全面提高直升机的操控效率。

本机采用不可收放的后三点式起落架及纵列式前后驾驶舱布局，前驾驶舱为领航员/射手，后面为驾驶员。米-28看似机身修长，弱不禁风，但这都是错觉。

➤ 米-28"浩劫"直升机

实际上该机仅机舱和驾驶舱两处的装甲重量便高达400千克，再加上座舱选用的是钛合金和陶瓷装甲，使它的抗打击能力形成质的飞跃。特别是它的驾驶舱所安装的50毫米厚防弹玻璃，既能抵御12.7毫米口径以下枪弹的袭击，也能防止20毫米左右炮弹碎片的伤害。这点，在世界范围内都是绝无仅有的。因此，有很多人称米–28是一辆名副其实的"空中坦克"。

2. 别具一格的旋翼系统

米–28的旋翼系统采用半刚性铰接式结构，5片桨叶，前缘后掠；每片桨叶的前缘以钛合金防蚀条加固，后缘安装全翼展调整片；翼梁采用D型玻璃纤维以及凯芙拉蜂窝夹芯材质；桨毂也为钛合金结构。考虑到米–28的维修，其自动倾斜装置与尾桨上仅设置一个润滑嘴。"浩劫"动力来源于选用了两台转速242转/分的TV3–117V航空发动机，输出功率高达3280千瓦，最大航程达1100千米。

3. 多样化的武器系统

米–28"浩劫"的头部下方炮塔内安装有一门每分钟射速高达800发的改进型希普诺夫2A42机炮，"浩劫"不仅可搭载空空导弹，也可携带反坦克导弹，

➤ 米–28"浩劫"直升机

➤ 米-28"浩劫"直升机

其自卫能力更是傲视群雄。如在1989年,当它亮相法国国际航展时,便毫不客气地表演了许多"阿帕奇"都无法做到的高难度动作,从此一鸣惊人,"阿帕奇斯基"的名号也从此在这里打响。

其实,最开始的"浩劫"不具备在夜间和恶劣气象条件下作战的能力,为改变这一状况,20世纪90年代末,俄罗斯开始在米-28上加装一些夜间作战的装置。这就有了后来的米-28N(N在俄罗斯来说具有"夜"的意思),该机于1996年11月完成首飞。它最显著的特点是在主旋翼上方加装了圆形雷达,远远看去,宛如美国的AH-64D"长弓阿帕奇"直升机。同时,在该机机鼻下面重新更换更先进的瞄准装置,包括电视摄像头和FLIR,这大大地优化了座舱视角。

随着时间的推移,直到2006年定型后的米-28N才开始批量装备俄罗斯陆军,距离米-28原型机首飞已经过去了24年。而它的主要竞争对手AH-64直升机早在1986年就开始装备部队,并参加了多场局部战争,取得了惊人的战果。从技术上看,米-28N是性能上最接近AH-64的武装直升机。

目前,"浩劫"已经成为俄罗斯陆军的主力装备。然而近年来,米-28N在被派往叙利亚战场执行作战任务时,暴露出两个让人寒心的问题。一个是夜视设备不可靠,有时完全不能发现目标;还有一个是辅助动力装置在当地可靠性较低。这两个弱点十分致命,也让俄罗斯陆军大失所望。好在有这样的实战磨炼,才让这些缺点一一暴露出来，从这个意义上来说，也算是米-28N的幸运。

但不管怎么说，与米-24相比，"浩劫"（包括后改型）依然是一款具有专门化特点的战机。1995年，瑞典就曾在引进米-28A和AH-64两款直升机的过程中做过比较。他们认为，与AH-64相比，米-28A的超负载能力十分强大。其机载光学瞄准系统具有较高的可操纵性，即使技术不够娴熟的人也能很快地掌握要领。另外，米-28A的防护力惊人，它的超低空突防能力也比AH-64要强得多。而AH-64虽然机载电子设备性能不错，但要掌握却相当费力。

强援先锋：欧洲"虎"式直升机

"虎"式武装直升机，是德国MBB公司和法国国营航宇工业公司联合研制的一款单旋翼带尾桨双发直升机。该机属"一机多型"类新型武装直升机，兼具强大的反坦克和地面支援能力，为欧洲著名的先进武装直升机。

"虎"式的型号主要包括法国版HAP型（即护航和火力支援型）、德国版UTH型（即反坦克型）以及为德国陆军研制的反坦克型直升机。当时两家的分工比较明确：法国的国营航宇工业公司负责研制尾桨、中机身（包括发动机安装）、传动系统、燃油和电气系统，同时进行气动力、重量控制、维护性、可靠性和生存性试验。德国的MBB公司负责研制旋翼、后机身（含座舱）、液压和飞行控制系统，并进行飞行性能、飞行特性、强度、振动试验和模拟飞行试验。

➤ 欧洲"虎"式直升机

1."虎"式的研制

"虎"式武装直升机的研制工作始于20世纪70年代末，原型机于1991年4月首飞并在同年亮相巴黎航展。

2003年第一架量产型"虎"式直升机被德国陆军接收；2004年10月，首批10架量产型"虎"式直升机正式配备法国和德国陆军，整个量产计划预计在2025年完成。

2."虎"式的构型

"虎"式采用单轴四叶主翼加尾旋翼的传统构型，绝大部分机体均以复合材料打造。为降低整机重量，减少战损，不少骨梁使用蜂巢结构。"虎"式采用纵列阶梯式双人座舱，驾驶员在前，武器控制员在后。其隐身倾向明显，如机身涂刷红外线信号抑制涂料、缩小前脸截面积等，都是为了降低遭雷达侦测的概率。尤其是它的正面雷达横截面效果更加突出，一般雷达很难探知。

考虑到"虎"式的战场生存能力，设计者对发动机舱与座舱等敏感部位都加厚了装甲，而对主旋翼与尾旋翼的材质、构造也进行了加固。经过这一系列的优化，其机体对20毫米以下的火炮炮弹具有抵抗能力，而旋翼和尾翼的命中，主旋

➤ "虎"式HAD直升机

翼与尾旋翼则分别能承受12.7毫米以下机枪子弹的攻击。此外，"虎"式的起落架的强度与吸震效果俱佳，这对直升机降落和人员安全十分有利。

3. 动力设计

"虎"式动力采用2台英国罗·罗公司、德国慕尼黑发动机涡轮联合公司和法国透博梅卡公司共同研发生产MTR390涡轮发动机，单台马力1200马力。

4. 航电系统

"虎"式的主要航电系统包括综合数字式航空电子设备、四通道自动驾驶仪以及雷达／激光报警接收机。其中，"虎"式座舱的顶部装有电视、前视红外仪、激光测距仪和直射光探设备，在旋翼轴上另装有类前视红外夜视系统。

5. 武器配备

"虎"式的武器配备包括增程型长钉反坦克导弹TRIGAT-LR，这是一种可同时对多个敌方目标进行攻击的反坦克导弹。

➤ "虎"式HAC直升机

有资料显示：法国陆军的HAP"虎"式直升机，除配备1门30毫米GIAT-30781自动机炮外，还在两侧短翼上安装了4个挂载玛特拉公司"密史脱拉风"红外制导空空导弹的挂点，另外还加装了能发射68毫米SMEB火箭弹的火箭发射器。

而德国陆军的PAH-2"虎"式反坦克直升机，其短翼挂架上也可挂载8枚"霍特"2和其他新式远程反坦克导弹，其中包括用于自卫的"毒刺"2空空导弹。

还有，"虎"式HAC/UHT还配备双联装的法制西北风或美国授权EADS生产的"刺针"等衍生自单兵肩射防空导弹的空对空导弹以供自卫，这两种导弹都采用红外线制导，空对空导弹的操控界面位于驾驶席。

6.参加实战

"虎"式直升机第一批投入实战任务的时间发生在2009年年初，当时的法国陆军为配合美军行动，决定向阿富汗派遣三架"虎"式直升机，以执行护航、战场侦察和反游击作战等任务，这三架直升机于7月26日抵达，8月开始值勤。

不久，前线传来消息说，法国陆军航空队对"虎"式HAP在阿富汗的表现十分满意，他们反映"虎"式HAP动力强大，即便是在夏季天气炎热的前线运动作战，"虎"式HAP也可以负重6.4吨的全备作战构型起飞；在此种武装构型之下，"虎"式HAP可携带数百发30毫米机炮以及两具火箭发射器，在3小时内对战场实施不间断压制。

据法国陆军反映，在紧急情况下，"虎"式直升机前起落架支撑臂的设计也很给力，它能让两个人攀附坐稳其上，法军认为这项功能可用于搜救被击落的飞行员并将之撤离战场。

南非CSH-2"石茶隼"武装直升机

在大部分人的印象中，可能都觉得世界比较强悍的武装直升机应该都在美国、欧洲或者其他武器研发大国。其实，不然！还有南非。因为该国阿特拉斯公司研制生产的CSH-2"石茶隼"武装直升机在很多方面，甚至与"阿帕奇"、米-28相当。该机于1990年2月首飞，1995年投入使用。它既是南非的骄傲，也是全球排得上名的一款强悍战机。

1."石茶隼"诞生

CSH-2"石茶隼"武装直升机由南非阿特拉斯公司研制，定案于1984年，经过近六年的对比研发，1990年2月终于完成首飞，之后，又经过不断的调试、完善，到1995年正式装备部队。"石茶隼"原来称为AH-2或CSH-2，而CSH就是"战斗支援直升机"的意思。

众所周知，20世纪90年代以前，由于南非长期实行种族隔离政策并与邻国不断交恶，再加上南部非洲动荡的局势，使得南非军队时刻处于备战状态，可谓枕戈待旦，不断接受各种作战任务。此类任务说大不大说小不小，尤其是其作战样式与强度，许多看起来规模有限的战斗很有可能因加入的派别增加而使战事扩大。因此，南非军队对装备的要求很高，尤其是战机的独立作战能力必须要强，对后勤维护依赖程度低。

所谓实践出真知，经过不断努力，南非的不少地面装备均达到了上述要求，如知名的G系列牵引或自行火炮、"号角"坦克、装甲车辆等。但光有地面武备显然不行，为此，南非陆军进一步着眼研制一种可靠而凶猛、具有世界先进水平的武装直升机为地面提供支援。由此，一款名为CSH-2，别称"石茶隼"的武装直升机应运而生。

2.因地制宜

CSH-2"石茶隼"最大限度地采用了南非的现有技术。设计之初，考虑到上面提到的种种恶劣条件以及该直升机任务的艰巨，科研人员做出了极大努力。首

➤ 南非CSH-2"石茶隼"武装直升机

先，考虑到南部非洲常年高温，沙尘满天，飞行条件恶劣；其次，地形地物复杂，难于导航，直升机飞行员工作量大，容易疲劳。因此，研发的重点便集中在了克服上述弊端上。实战证明，正是事先全面的预判，才为CSH-2"石茶隼"的闪亮登场搭建起舞台。

➤ CSH-2"石茶隼"发射干扰弹

CSH-2原本作为一款反坦克、反火炮作战以及为直升机护航的直升机，其主要任务都是围绕苏制武器威胁展开。然而，计划没有变化快，随着苏制米-2"母鹿"武装直升机的问世，后来CSH-2的作战对象数量越来越多，于是不得不重新设计增加了反直升机和防空任务。不仅如此，其设计布局也发生重大变化。

3. 整体布局

CSH-2"石茶隼"的座舱与观瞄系统布局与AH-64十分相似。驾驶舱采用纵列阶梯式结构，机组两人，驾驶员在前，射击员在后；起落架为三点跪式，以确保直升机可在不平地面条件下正常着陆，增强了耐坠毁能力。此外，加强了起落架的减振设计，并且在舱门打不开时，飞行员可通过按钮炸开舱门逃生等一系列设计，提高了该机的飞行安全性，最大限度地保证了飞行员的人身安全。

CSH-2机体正面横截面较小，设计配套后掠式短翼，驾驶舱玻璃采用敷有金属膜的平板结构，CSH-2"石荟隼"十分重视战机的隐身问题，发动机进气道采用遮挡压气机的内藏式结构，以减少雷达反射面积。

鉴于南非军队作战对象和区域的特殊情况，"石荟隼"为防止鸟撞事故，强化了飞行员座舱装甲，加固了直升机尾桨，重设了操纵拉杆，机体外加装了电缆切割器。强化后的前风挡玻璃能承受1.8千克重大鸟278千米时速的撞击。这样就有效保证了直升机在遭遇这类事故后仍具有飞行能力。

4. 动力与观瞄系统

CSH-2"石荟隼"所配置的两台功率各为1400千瓦的Makila1K2涡轴发动机安装在机身肩部，这种布局可提高抗打击性。其前视红外、激光测距等探测设备位于机头下方的转塔内。

5. 武器系统

采用了两侧短翼来携带外挂的火箭、导弹等武器。"石荟隼"的武器火力较强，配置与AH-64极其相似。但与"阿帕奇"有所区别，主要表现在其炮塔安装的部位在机头下前方，而不是在机身正下方，这样的设计扩大了射击范围。机头可以安装一门20毫米GA-1机炮，两侧短翼可挂载"毛可帕"ZT-6型远程反坦克导弹，也可挂载72毫米口径火箭发射巢，两个翼尖也可各挂载一枚V3B"短刀"红外寻的空对空导弹。这些机炮齐全、远近结合的打击手段，为它赢得了"树梢杀手"的美誉。

6. "石荟隼"的不足

当然，再好的战机都会有缺憾，CSH-2也一样，它存在的主要问题在于其动力，因为并非量身定制（源自"美洲虎"直升机），所以对其性能的发挥造成一定影响；另外，该机尚未装备毫米波雷达及武器系统，实战能力尚待检验。

但无论怎样，CSH-2"石荟隼"仍不失为一款针对性强、设计理念先进、打击能力十分彪悍的武装直升机。尤其是它的大多数性能指标基本与美制AH-64、苏联米-28和法德联合研制的"虎"式战斗机等先进武装直升机相当，因此，总体达到世界先进水平。

世界顶尖运输直升机

第八章

Chap.8

　　所谓运输直升机，多指用于运输、承载物资的直升机，在军事上泛指载运士兵和武器装备的直升机。由于其不受地形限制和超大运载能力的巨大优势，所以，一经装备，便为部队遂行战场空降兵突击、转运伤员、垂直补给及后续增援等任务带来了极大便利，成为现代化战争中不可或缺的大型装备。限于篇幅，本章着重介绍几款目前全球顶尖的运输直升机。

米-26：史上最重的运输直升机

米-26直升机是苏联米里设计局（现改名为米里莫斯科直升机股份公司）继米-6、米-10之后，研制的一款双发多用途重型运输直升机，也是当今世界上最重的直升机，与美国的C-130运输机载荷能力相当。北大西洋公约组织给的绰号为"光环"。

20世纪70年代初，苏联因研发米-12直升机的效果不理想，加上为开发西伯利亚冻土及北方沼泽地带，于是，决定重新发展一种全天候重型运输直升机，这就是著名的"90计划"（任务代号，亦即后来的米-26直升机）。该计划最初的构想是飞机自身重量必须小于其起飞重量的一半，并确保装载能力达到原来直升机的两倍以上，说穿了就是个子要小巧，能力要超强。

此任务交由米里设计局创始人米哈伊尔·列昂季耶维奇·米里的学生迪歇切科主持设计，前后历时近三年。米-26原型机于1977年底首次试飞，四年半之后，它的预生产型在第三十四届法国巴黎航空展览会上首展受到关注，在接下来的第二年和第三年，米-26军用型顺利研制成功并于1985年开始入列苏联军队。

1. "会飞的老母牛"

作为一款军用和民用兼顾的重型直升机，米-26对军队而言，主要是为了运送重达13吨的两栖装甲运兵车并部分取代"伊尔-76"和"安-22"等运输

➢ 飞行中的米-26

➤ 吊装转运物资的米-26

> 停机坪上的米–26

机，给身处偏远地区的部队运载弹道导弹的任务。为此，迪歇切科在设计上采取开放性布局，在生产上实现有序量化的方针，这些都为米–26的载荷提升注入了活力。

首先，米–26配置两台发动机并实施载荷共享，也就是说，当其中一台发动机失灵或失效的时候，另一台发动机仍可以维持飞机的正常飞行；其次，米–26装配8片旋翼叶片，这种"混搭"在直升机历史上具有独创性；再者，米–26的质量尽管仅比米–6略重，但它却能吊运20吨的货物，这个数字整整高出米–6（8吨）的两倍以上，是继米–6和米–12之后世界上如今仍在服役的第一重直升机，也是最大的直升机，难怪苏联飞行员们曾亲切地将米–26叫作"会飞的老母牛"。翻看米–26的"军旅生涯"，可谓"航迹遍寰宇，身影现全球"：它到过柬埔寨、印度尼西亚、索马里，参加过希腊山火的扑灭，加入过前南斯拉夫的联合国维和行动。

2. 是对手，也是朋友

服役时间已超过40年的米–26，由于其巨大的体型和几乎可以运输各种货物的超强能力，除了继续参加各大航展的"选秀"节目外，其运过的"货物"更是与众不同：一是给"对手"救急；二是搬运喷气机；三是自己运自己。

2002年，在阿富汗山区作战的一架美军CH-47"支奴干"军用运输直升机被塔利班击落。为减少战斗损失，美军决定将它从战场抢运回修理厂修理。

　　虽然修理飞机让美国人破费不小，但这样可以让战场报告更好看，因为将其运到修理厂进行修理，就可以不算战斗损失。可好看归好看，真要把损坏的"支奴干"运回来也不是件轻巧的事，美军也曾想着用另一架直升机进行运输，结果坏飞机没搞回来，好飞机都差点伤筋动骨。没办法，他们想到了"长期对手"俄罗斯，一番"满脸堆笑"的苦求之后，俄罗斯终于点头帮忙。就这样，"壮汉"米-26仅仅用了不到半天，使用钢缆固定住了受损的"支奴干"，并将其运送到了400千米之外的巴格拉姆空军基地，期间还进行了两次途中着陆加油。

　　这次"帮忙"让美军感激涕零，谁知翻脸比翻书还快的美国人在对俄罗斯的打压上却是层层加码，处处设防，这当然是后话，只是米-26若能开口，估计要骂这个不讲良心的家伙了。

　　2012年2月2日，"米-26"完成了苏联历史上体型最大的喷气式"哨子"图-134（因发动机噪声而得此绰号）的运输任务。

　　2015年5月，米-26T执行了一次特殊的运输任务——自己运自己。直升机的外悬挂点上挂着14吨重的另一架米-26的机身，将其从约什卡尔奥拉运到顿河畔罗斯托夫进行修理。

3.米-26的短板

　　米-26总计制造了约300架，目前仍在生产。除装备俄罗斯陆军外还出口到秘鲁、印度、哈萨克斯坦、阿尔及利亚等20多个国家。优点十分突出。不过米-26的

➤ 米-26直升机

"脸上"也有几点"麻子"，如膀大腰圆，体型庞大，这些都让它飞起来十分缓慢，每小时不到300千米的时速，不说地空导弹，就是一般的火箭筒都是它的梦魇。

有记载，2002年一架载有147人的米-26在车臣首府格罗尼兹的战斗中，就被当地反政府武装地空导弹击落，造成机上117人遇难；跑得慢也就算了，更闹心的是高油耗（每小时油耗高达3000升）。有人统计过，米-26一小时的飞行成本高达13万元，这还真不是个省油的"灯"。

从米-26的优劣我们可以看出，任何事物都具有两面性，所谓成也萧何，败也萧何。但作为至今仍活跃在世界不少军队和领域的一款全球最重、载量最大的直升机，尽管它并非十全十美，但米-26的能力毋庸置疑，也许这正是它长盛不衰的根本原因。

"坑爹"的V-22"鱼鹰"运输机

V-22"鱼鹰"运输机，绰号"鱼鹰"，是由美国贝尔公司和波音公司联合设计制造的一款倾转旋翼运输机，除了具备普通直升机垂直升降的能力外，它还兼具固定翼螺旋桨飞机航程远、速度快以及耗油低等特点。随着V-22"鱼鹰"的问世，世界上顿时多了一款飞得最快的直升机。

1. 何为倾转旋翼

所谓的倾转旋翼，简单地说，就是指飞机依靠旋翼倾转来调节飞行状态。具体方法是，在机翼两端分别安上发动机短舱，内装涡轮发动机用以驱动旋翼系统。该型机关键是发动机短舱可以绕机翼轴进行由朝上到朝前及由朝前到朝上的直角转动，并且要求这两套动作完整连续，一般在十几秒内完成。这样就可以改变旋翼的推力方向。当发动机短舱呈水平状态时，旋翼就变成了螺旋桨，加上原有的一段机翼，飞机就变成了涡桨固定翼飞机了。反之，则变成一架双旋翼或多旋翼的直升机。

倾转旋翼将直升机和固定翼飞机的特点、长处集于一体，实现了二者的完美结合。其结构可任意变换固定翼和旋翼的两种形态。航速是直升机的2倍多，各种指标是任何其他直升机无法比拟的。飞机上有3套驾驶操纵系统，飞机转换形态时，驾驶系统也自动转换。2台发动机由变速控制器相连，当一台发动机转速下降到熄火时，另一台发动机便通过变速控制器转换成带动2副螺旋桨的工作状态；发动机舱内采取增压措施，能有效地阻止海上潮湿空气侵蚀；机身下方两侧

➤ V-22 "鱼鹰"运输机

➤ 美V-22 "鱼鹰"倾转旋翼机

的主起落架舱较大，起飞后自动封闭，紧急情况下在海上迫降时有一定的浮力，可使飞机不至于沉没。

2.倾转旋翼的发展过程

在近半个世纪的时间里，倾转旋翼直升机的发展可谓磕磕绊绊，充满曲折。作为航空大国的美国，在这方面显然具备雄厚的经济实力和研发能力，也正因为这样，他们的成果也更丰富。有统计表明，美国先后开发研究过XV-3、X-22A、XC-124A、CL-84、"伏托尔"-76等四十多种不同的型号，可惜，这些研发大多以失败而告终，唯一的成果出自贝尔直升机公司的XV-15。由此，V-22"鱼鹰"的成功之路有了坚实的跳板。

➢ V-22"鱼鹰"运输机

之后，贝尔公司在XV-15的基础上经过大胆的改进、优化，成功衍生出民用型BA609和军用型"鱼鹰"倾转旋翼机。至此，倾转旋翼机这种全新概念的飞机正式走上历史舞台，成为美军得力助手和装备。

3. V-22"鱼鹰"的首飞

V-22"鱼鹰"于1989年完成首次试飞。1990年12月4—7日，在美海军"大黄蜂"号航空母舰上进行了海上试飞，年底前完成了一系列试飞。尽管如此，美国国防部和国会对这种极具前瞻性的飞行器的态度却来了个一百八十度的大转弯，并在1990年和1991年两个财年，先后停止为该机研制计划拨款。随后，虽然拨款恢复，但数额大打折扣，仅局限于科研设计和试验。

➢ 空军用CV-22"鱼鹰"

　　资金的短缺，自然给V-22的前途蒙上了一层阴影。按最初计划，美国国防部应采购913架四种型号"鱼鹰"倾斜旋翼机（亦即海军使用的HV-22、海军陆战队使用的MV-22、空军使用的CV-22和SV-22A）。但受制于美国国会对V-22的消极态度，直接造成SV-22A的研制计划被全部取消，整个采购数量锐减至600百来架。美国国会给出解释是：一安全性太差；二贵得"坑爹"。为此他们还算了一笔账，如果按1997年物价计算，每架V-22的研制经费将突破4200万美元，这显然属奢侈品。

　　事实上，国会的算盘没打错。早在1993年之前，贝尔和波音两家公司搞出来的5架验证机中，就有2架在试飞时因发动机故障和机载电子设备故障而坠地"身亡"；即使到了2007年，V-22已经发展得相对成熟的时候，也接连发生7起坠机事故，其中两次是坠毁于战场，并造成15人死亡的惨剧，为此，有人送V-22绰号叫"寡妇制造机"。

➢ 海军陆战队用MV-22"鱼鹰"

4.终获认可

几番改进，几番试飞，当时间转到2005年10月的时候，V-22"鱼鹰"项目终于再次获得认可，并被批准进入全速生产阶段。美国海军陆战队计划购买360架MV-22，空军计划装备50架CV-22特种作战改进型，海军48架HV-22，预计首批12架V-22将在2007年投入使用。

2018年6月，美国国防部再次授予制造商贝尔—波音公司价值42亿美元的多年固定价格合同（涵盖2018—2022年的财政年度），用于58架"鱼鹰"的生产和交付，其中出口4架。目前，日本是这种飞机唯一的外国客户。

米-8：绰号"河马"

米-8是苏联米里直升机制造联合股份公司研发的一款5叶单旋翼带尾桨中型运输直升机，由喀山飞机制作厂生产，北约给取的绰号为"河马-H"

> 米-8直升机

（Hip-H）。算上其高级改进型米-14和米-17，米-8可以说是世界上生产量最大、设计最成功的直升机，不仅是军中骄子，也是民间高手。

1. 米-8的研发

米-8"河马"直升机自20世纪60年代初研制成功开始，飞了半个多世纪，驰骋过疆场，赶赴过灾区。不单单列装苏联和部分原华约国家，也装备过不少第三世界国家甚至被出口到许多本属于西方阵营的国家。足迹遍布70多个国家和地区，所有曾经使用过"河马"的飞行员可以说是众口一词：皮实，抗造。

米-8"河马"1960年开始研制，其原型机于1961年6月24日首飞，当时米里设计局称其为V-8。仅仅一年之后，其双发原型机（V-8A，即"河马"B）也第一次飞上蓝天。随着该机运用口碑的不断形成，1968年，米里又开发出武装运输型的米-8TV。该机不但能携带2～4个16管57毫米火箭发射巢，还可加带2吨左右的炸弹，真可谓武装到牙齿。

之后，由米-8"河马"变型而来，并可携带更多武器的"河马"-E等众多指挥通信、电子侦察、电子对抗、电子干扰类专用机相继问世。

2. 早期的米-8

第一代米-8直升机使用了米-4的传统装置和四叶旋翼，所以"长相"和后来的批量型号相去甚远。它配备一台2700马力，且只有一个进气口的AI-24V涡

轮轴发动机。1961年执行首飞后，即改用两台TV2-117发动机和五叶旋翼。

作为一款军用运输直升机的米-8T，除了五叶主旋翼改由铝合金制造外，起落架则采用了固定的前三点式；这款运输机的机组人员为3人（包括机长、飞行工程师和导航员）；座舱装配有可加热大气空调。为适应救护环境，在其救援型的设计中，还加装有氧气系统。

米-8机内共有两个固定油箱，加上两个外挂油箱，可携带燃油1870升。另外还可在机舱内加装两个桶形油箱，整机燃油携带量可上升至3700升。当然这会减少载货空间。

米-8为了提高战场生存能力，其操纵系统、动力和液压系统等均设置双重备份，驾驶舱外围配有装甲，燃料箱充填有抑爆泡沫层、整机灭火系统，另外还装有除冰装置。

此外，机舱也可容纳12副担架。在机舱地板上，还安装多个货物固定点。机舱有一大型后门，带有装卸斜道，运载吉普车等时，车辆可直接开出机舱。

为完善货物装卸设备，米-8另安装有全电力驱动的绞车，以方便军用物资的运载。绞车承重能力200千克，还可对地面或海面人员展开救援。

1971年，苏联为了提高米-8的推重比，开始对第一代米-8进行系统的优化，因为此时米里设计局研发的代号为TV3-117的涡轮风扇发动机已经成功，这种发动机和原先米-8使用的TV2-117发动机相比，功率提高到1874千瓦，并且拥有全新的主变速箱和机械部件。

在改进发动机的同时，米里设计局还对米-8的外形和机体结构进行了重新设计，让米-8"河马"显得更加大气强劲。这些改进，确保了新一代的米-8"河马"与前身相比，飞行能力更加突出。不久，米里设计局又赋予了米-8MT全新的代号——米-17。至此，米-8与米-17成为密不可分的孪生兄弟。

➤ 参加演习的米-17直升机

3. 出口美国

2013年，美俄两国长期龃龉，但为打击阿富汗政府军实力，美国也曾购买过米-8。为这事，甚至导致美国国内的政治风波。其中参众两院的部分议员，尤其是那些右翼政客，都为美国军工企业鸣不平，认为这种交易纯属浪费纳税人的钱财。更有一部分冷战积极分子表示，自己的"黑鹰"直升机本来就比米-8性能优异，反过来买这种"废物"，难道美利坚出内奸了？美国人的争吵，五花八门，至今都成为其国内政坛相互攻击的案例。

事实上，当年"黑鹰"直升机的单架造价已经达到3400万美元，所谓的吵，其实就是政治正确的作秀而已。有内部人士透露，当时俄罗斯卖给印度米-8直升机的价格的确只有700万美元/架，而卖给美国的价格是1500万美元/架，但这种涨幅一是物价原因，二是美国的改装投入。应该说，是相对合理的价位。不然，美国也绝不会傻到这样舍近求远，自找麻烦。

最后双方还是"力排众议"，签订了21架的购买合同。

4. 中国也曾引进过米-8

经过考察与比较，20世纪90年代初，我国引进了首批24架米-8直升机。该机各项性能达到预期目标，尤其是在平原地区的使用，运输效率极高。为最大限度地发挥其优势，国内还曾通过多次改进，来满足西藏高原地区使用的需要。

➤ 美国所买的米-8直升机

总体看，米-8直升机的机舱空间大、运载能力强、经济实用性好。另外，它的技术成熟、性价比很高，尤其对我们这种航空基础薄弱，而大运量需求又十分迫切的国家来说，适当引进、吸收和消化，并在此基础上获得直升机技术的发展十分必要。尽管作为一位年近花甲的"老者"，米-8存在不少的弊端，如机体臃肿、个别部件工作寿命短、速度和机动性也"先天不足"等，但事实上，在拥有这款直升机之后，它给我国军队所带来的影响和能力提升是有帮助的，也是值得欣慰的。

CH-47"支奴干"运输直升机

CH-47直升机是美陆军航空兵装备的一款全天候、多功能重/中型运输直升机，其绰号叫"飞行车厢"。按照美军陆军惯例，所有的直升机都是以北美印第安部落名或印第安英雄人物名命名。"支奴干"（Chinook）即为北美一个印第安部落名，所以有些资料也将其翻译为"支奴干人"。

CH-47整机采用纵列双引擎双螺旋桨，飞行时速165海里，是美军现役直升机中载重量最大的机型之一，担负着美陆航部队的士兵运输及战场补给任务。

1.CH-47的研发

该型直升机研制于1956年，当时对设计的要求有两个：第一个是确保将近3吨的物资运至200千米处，然后再搭载1.5吨物资在不经过加油的情况下，回到始发地；第二个是可通过机外吊具悬挂7吨的物资飞到37千米以外的地域卸下，之后也是不经过燃油补给再回到出发点。最后，经过激烈的PK，波音伏托直升机公司的伏托114型方案中标，并以HC-1的旧型号展开生产。就这样，几经周折一直到5年后的1961年才制造出原型机YHC-1A并进行试飞。

2.正式定型并参战

1963年10月，CH-47A直升机被正式指定为陆军标准运输直升机。而此时正是美军深陷越战泥潭的时期。为提振信心，美陆军匆忙将CH-47A运输直升机送上了前线。起初，该机主要是负责战场人员、弹药、后勤物资、炮兵及武器的转运，后来又出现在伞降、特种作战以及医疗救生、救援工作中。

当然，因为它的到来，美军的作战行动能力获得了空前提升。就以其为炮

➤ 吊装中的CH-47"支奴干"

➤ 飞行中的CH-47"支奴干"

兵吊送火炮为例，基本解决了原来受地形影响，复杂地带根本无法到达的问题。尤其是CH-47A通过外吊2个各500加仑容量软油箱为前线输送油料的能力，以及它在回收受伤直升机方面的能力，一时成为军中佳话。尽管CH-47A的涡轮式发动机在高热环境和高山地形中动力性能受到影响，但它仍然可以以每小时200千米的全速低空飞行优势，独自执行各类气候条件下的任务而不需要其他飞机的护航。

除了在越南战争中的高光表现，1991年的海湾战争中，CH-47也是不遗余力，充当了美军运输机的主力军。可以说，整个海湾战争，如果没有它所提供的运载助攻，美军的整个行动都将大打折扣。

以当时的地面作战为例，由第18空降师执行的侧面机动正是以经过系统改型的CH-47D作为先锋。特别是在对伊拉克的第一波空中突击中，美军基本都是通过60架"支奴干"直升机和130架UH-60"黑鹰"直升机才将5000名士兵运抵战场，就说首日的作战，美军的13万加仑燃料以及大量弹药装载货盘同样也是在CH-47D的前后忙碌中完成的。可以说，由于有了这样的物资储备，美军才敢将40多个相互独立的燃料弹药补给点在2小时内建立。

3.设计和性能

良好的战场表现，来自精细的机体设计与强劲的构造性能。CH-47机舱长而平直，便于货物的装卸和人员的运输；具备两副纵向排列反向旋转翼的CH-47，

➤ 吊装火炮的CH-47"支奴干"

桨叶3片，前低后高（后旋翼塔较高），其径向尺寸较大，加上旋转翼展达20米，整架飞机起降时影响到的范围达100米；它的玻璃钢桨叶即便被高爆燃烧弹和口径达23毫米穿甲燃烧弹"光顾"，也能安全返回基地。

CH-47的尺寸较大，起到了垂尾的作用，其根部正好对应配置2台发动机；它采用正方形截面半硬壳结构，机舱、驾驶舱、后半机身和旋翼塔基本上为金属结构。该机采用的是固定式4轮起落架和前双后单布局，2个前起落架均设定为双轮，2个后起落架为单轮。

CH-47A运输直升机最初安装2台单台功率2200轴马力（1640千瓦）的莱康明公司T55-L-5涡轴发动机，后来换装了2650轴马力（1980千瓦）的T55-L-7发动机，空重14982千克，最大有效载荷4500千克。

为加强CH-47的作战能力，波音伏托直升机公司还对其动过不少"内脏手术"。如改进后的MH-47E直升机，除优化了电子系统，装备AN/ASN-137多普勒雷达和地形显示功能的AN/APQ-174雷达，使直升机完全具备了地形跟踪、地形回避、空对地测距功能外，还安装了全球定位系统、地形参考系统、卫星导航接收系统、地形参考导航系统和AN/ASN-145航向姿态参考系统等多型导航设备。

至于激光、雷达、导弹告警等干扰和抗干扰设备以及前视红外线装置和数字式移动图形显示仪等也是一应俱全。

➤ 美CH-47"支奴干"运输直升机

武器配置方面，曾经有3架型号为ACH-47A的直升机（CH-47A的改型），装备过20毫米机炮3门、7.7毫米机枪7挺、火箭发射巢1具和40毫米掷弹筒1具，用作重火力空中护航机。

在CH-47A运输直升机入列后的整个发展过程中，先后衍生出多种不同型号的机种，包括CH-147、CH-47B、CH-47C、CH-47D等。

米V-12重型运输直升机

米V-12重型运输直升机，绰号"信鸽"，是20世纪60年代出产的一款迄今为止全球最大的直升机。由苏联米里直升机实验设计局（现称米里莫斯科直升机制造厂）设计制造，该机于1969年2月12日首飞。

➤ 米V-12重型运输直升机

米V-12重型运输直升机的两翼分别带有一个直径达到37米的螺旋桨，一旦旋转，螺旋桨展翼能超过67米，此宽度甚至比波音747客机的翼展还要大。数据显示，米V-12重型运输直升机，最大起飞重量可达105吨，其载重30吨能飞到2951米高度，载重40吨能飞到2250米高度，这两项超级参数都被写进了国际航空协会的记录和吉尼斯世界纪录之中。有人说，这简直就是一个不可思议的大"怪兽"。

1.堪比米格-26的设计

本章第一节我们说过史上现役最重的直升机米格-26，其在军、民用两方面都拥有巨大的价值。尽管如此，在作为军品装备的运输直升机发展历程中，米-26并不是研制的最大直升机，而米V-12才是最大的直升机。

米V-12重型运输直升机的旋翼类似于米-6或米-10，都是全金属五片桨叶，并排分别安装在固定机翼的翼尖上，每片旋翼有后缘调整片。左右两侧旋翼各自朝不同的方向旋转，左侧顺时针，右侧逆时针。之所以采取这种横向安装和旋转方式，就是为了使两副旋翼在协调轴的掌控下达到同步协调的目的，如此就确保了即使一侧发动机出现故障，也可通过另一侧的发动机带动两副旋翼旋转，其安全系数也因此而增加。

➤ 米V-12旋翼

2. 米V-12的旋翼

据资料显示，米V-12旋翼的转速为112转/分，一般情况下，旋翼系统工作时间设定为每900小时进行一次检修。另外，该机采用机翼支柱撑杆式上单翼结构，具备了较大的反尖削比（即从翼根到翼尖弦长增加）和上反角，每侧机翼的后缘有两段（最初为三段）长翼展固定式、地面可调的襟翼。

3. 大在舱体

米V-12重型运输直升机舱体庞大，其驾驶舱上面是领航舱，领航员和报务员前后排列。正驾驶员后面为随机机械师，副驾驶员后面为电气技师。舱内配备冷却风扇，以改善驾驶环境；座舱内沿侧壁约有50副向上折叠的座椅供押运货物的人员和士兵乘坐；货舱内装有电动平台式起重机，可沿货舱顶部的轨道移动。起重机有4个起吊点，每个点可起吊1500千克货物，4点同时起吊可吊起10万千克货物；尾部蛤壳式舱门之间形成主通道，尾舱门可向下向后打开，向下的尾舱门不仅能给直升机装载带来便利，还可放倒形成装载货物的跳板。

4. 米V-12的发动机

米V-12的动力装置包括4台A-25Bo轮轴发动机，发动机成对安装在固定机翼翼尖下面的短舱内，每台功率可达4800千瓦，每对发动机驱动一副旋翼，并有协调轴。最初V-12配置的是A-25B发动机，之后经过改进，换上了A-25Bo发动机，改进后的发动机增强了压气机的功能，提高了工作温度，使原有的功率由4040千瓦直接增加到4800千瓦。为便于维护动力装置和桨毂，每对发动机的整流罩侧板可向下打开，发动机下部整流罩可用手摇把放低1.8米，成为可容纳3人的维护平台。

米V-12重型运输直升机的座舱两侧为圆柱形外部油箱，它的电气系统的容量为480千瓦。有标准的破损安全助力操纵系统和自动稳定系统，可用人工操纵着陆。其机载设备包括机头下部的泡形整流罩（内装地形显示雷达），全都以AI-8V辅助动力装置用于起动发动机。

➤ 飞行中的米V-12

5.米V-12的着陆装置与运载

米V-12采用不可收放的前三点式起落架着陆装置，每个起落架均有两个机轮，操纵轮在前，机轮轮胎尺寸为1200毫米×450毫米，主机轮轮胎尺寸为1750毫米×730毫米。

米V-12能运载安-22运输机所能运载的火箭和其他重型货物。驾驶舱振动小，执行任务时不需专用地面设备。

1969年2月22日米-12创造了一些有效载重/高度纪录，在当日的飞行中，载3万多千克有效载重，以180米/分的爬升速度爬升到近3000米高度，这一高度打破了最大载重下爬升到2000米的高度纪录，而且也打破了2万千克、2.5万千克和3万千克有效载重的高度纪录。

当年的8月6日，一名叫瓦西里·科洛琴科的驾驶员，在机上装载有6名机组人员的状况下，凭借高超的驾驶技术，驾驶米V-12将载重4000多千克的直升机，爬升到了2200米的高度。当时该机还创造了有效载重3.5万千克和4万千克的有效载重的高度纪录。

　　虽说米V-12重型运输直升机的优势比较明显，不少技术指标在世界范围内也属数一数二，但由于其机动性很差，身躯又实在太过"臃肿"且操作不便，所以一直没有量产，更不要说装备部队了。到目前为止，全球也只生产过2架米V-12，其中的1架据说停在莫斯科的米里工厂中，还有1架陈列在俄罗斯的莫尼诺中央空军博物馆，供人们参观体味。

➤ 陈列在航空博物馆中的米V-12

术业有专攻：带你认识『另类』直升机

第九章

Chap.9

当今世界，绝大多数直升机除了按部就班遂行常规作战任务，从事垂直补给外，似乎也不再有其他用途。然而，有些国家却在此基础上赋予了直升机新的职责：有的执行海上搜救，有的专注海上反潜，有的集突击、侦察于一身，有的甚至成为总统座机，让人们对这些"另类"直升机充满了好奇。本章将对这类机种一一点名，带您一睹其不同的风采。

UH-60直升机，绰号"黑鹰"，是西科斯基飞机公司为美国陆军研制的双发单旋翼战斗突击运输直升机，原编号S-70。由"黑鹰"衍生出来的各型号直升机系列，不仅海陆空三栖，而且全球通吃，其型号和版本之多，傲视群雄。有资料显示，该机的总产量超过了4500架，被誉为迄今为止世界上产量最多的通用直升机。

1. "UTTAS"计划

"黑鹰"发端于1972年，当时美国陆军搞出了一个"实用战术运输飞行系统"（UTTAS）计划，这个计划的目的就是设计一款新的直升机，来替换1959年装备部队的贝尔UH-1"休伊"直升机。因为UH-1在面对不断升级的越南战争时，集中暴露出飞行速度慢、生存能力差等弱点。所以，参战的美士兵普遍认为，若再不快点淘汰这种倒霉的玩意儿实在受不了了。

当年8月，在上述计划的指引下，西科斯基飞机公司捷足先登，很快拿出了S-70型民用直升机的军用试验型号YUH-60A方案，后来经过与波音的YUH-61A方案PK，获得一致好评。这样，YUH-60A的订单即刻下达，到1976年发展出全

➤ UH-60"黑鹰"直升机

新的型号UH-60，绰号"黑鹰"。

2. 定型生产

"黑鹰"于1977年7月开始小批量生产，翌年10月其首架原型机试飞成功，4周年纪念当天，"黑鹰"生产型首飞成功，一年后的1979年6月正式入列，交付部队使用。

3. 座舱布局

"黑鹰"直升机采用的是并列式座舱布局，整个座舱高度为1.38米，该机为正副驾驶员的座椅都装配了防护装甲，机舱内部可装载11名全副武装的士兵，特殊情况下，能够再增加3名，达到14名。此外，"黑鹰"还在机体两侧分别设计了一扇推拉式舱门，开关十分方便，给载员迅速进出提供了条件。正是因为采用了这些不同以往的设计风格，让"黑鹰"这款几乎能搭载整建制一个班士兵并可贴地飞行的机种达到了良好战术要求，被陆军官兵亲切地称为"空中吉普"。

4. 传动装置

"黑鹰"的传动装置也较新颖，其专配的两台发动机功率能通过自由离合器顺利输入主减速器，以保证传动功率达到2109千瓦（2867轴马力）。

➤ 编队飞行的UH-60"黑鹰"

➤ 执行起降作业的"黑鹰"

5. 机体结构

由于采用了单元体结构样式，就为直升机的维修维护与适时保养提供了可能。尤其是在野外作战环境中，只要一把普通的扳手即可对损坏的零件进行更换。此外，还能方便存放物资和转运设备、人员等。

"黑鹰"的机身扁平，为普通的半硬壳式轻合金抗坠毁结构，四条纵向龙骨梁和四个主要承力框连接在一起，运用尾斜梁式结构，尾梁可迅速从尾斜梁前面向右折叠，以便运输和停放。右侧装一副向左倾斜的尾桨，平尾面积较大，可改变迎角。

这样的布局，主要是保证在直升机坠毁的情况下，乘客的生存概率能达到85%。检测表明，该机的坠毁传感器和易断连接器可以立即切断电气系统，防渗漏燃油管路及自封油箱将保证坠机后不至于因漏油而失火。这样便保证了机体在30米高度时，即便以8米/秒的速度猛烈着地，最终传到乘员身上的撞击动能也可被逐级减至人体所能承受的范围，达到"黑鹰"直升机生存的基本要求："重摔能活，大摔能修，小摔能抗。"

"黑鹰"的整体布局极具前瞻性，这也为后续的改进或形成系列提供了可能。该机的油箱安装于机身后部，这一点极易导致直升机十分忌惮的重心后移问题。因为假如出现这种状况，直升机在前进时，机身就必须前倾，以保证旋翼具备足够的倾角来带动整个机体上升。而这样的重心后移，不仅增大了前倾难度，更重要的是给飞行带来了难度。但美国人巧妙地破解了这一难题：他们将尾桨倾斜，在平衡机身扭矩的同时让尾桨自然产生向上的分力，使机尾抬起，机身前倾，从而降低主旋翼的负荷，获得整机平稳前进的动力。

另外，这种倾斜式的尾桨还有一个好处，就是能保证其末端最低点增高，避免了对地面人员和设备的伤害，同时，也有效降低了飞机起飞或降落时，气流所扬起的沙尘对尾桨造成的损坏。

6. 旋翼设计

"黑鹰"主旋翼采用四片桨叶的全铰接式大弯度旋翼，并配置西科斯基研制的SC-1095高升力翼型，低速和高速飞行时都能满足升力要求，它的旋翼主轴可放低。为了快速部署，主旋翼可以折叠。折叠后，一架C-130可以运输一架，C-141可以运输两架，C-5则可以运输六架。在运至目的地后，可以在机场现场组装，组装时间为2小时。

7. 改型与战场表现

为避免像越战中贝尔UH-1H因火力不足给战斗带来的影响，UH-60一改早期安装的M60D-7.62毫米机枪，更换了火力更猛的通用电气M134-7.62毫米6管加特林"迷你炮"机枪。还有，"黑鹰"的航电设备一应俱全，除各种先进的电子战

➢ 阿富汗战场上的UH-60"黑鹰"

装置外，机身上部还设有专门对付热寻的对空导弹的AN/ALQ-144红外干扰机。

由于UH-60"黑鹰"的良好机动性能、简单的维修设计和坚强的"抗摔、抗揍"能力，其改型可谓五彩纷呈，由它所衍生出来的型号、机型和版本众多，如HH-60H"海鹰"、VH-60N"夜鹰"、UH-60"灭火鹰"、MH-60G"铺路鹰"等。另外，为更大限度地提高"黑鹰"的近岸防卫与反潜能力，美国已开始进行"SH-60R/60R（V）多功能直升机"的改进计划。此计划能保证"黑鹰"在改进后的服役时间延长到2020年。

"黑鹰"的首次参战发生在1983年美军入侵格林纳达的行动中，五年后的12月20日，"黑鹰"再度披挂上阵，在美军对巴拿马实施的代号为所谓的"正义事业"入侵行动中，充当先锋；1991年，美国陆军在海湾战争中投入约400架各种型号的"黑鹰"参战。

在随后的1993年10月3日索马里军事干预行动和1994年9月18日入侵海地等战争中，"黑鹰"都担任了重要角色。尤其值得一提的是2011年5月2日凌晨，美国"海豹"特种部队在抓捕本·拉登的行动中，一架隐身的直升机坠毁后被曝光，这架飞机便是改型后的隐身版MH-60"黑鹰"直升机。

"军舰伴侣"：反潜直升机

反潜直升机是一种专门对海上搜索侦察、海上编队外围反潜、岸基近距离反潜任务的作战平台，俗称"军舰伴侣"。反潜直升机分舰载反潜飞机、岸基反潜飞机和反潜水上飞机等三种。

顾名思义，所谓的舰载反潜就是在海上实施外围反潜，而岸基反潜则是依托海岸线进行近距离反潜作战；至于反潜水上飞机就更好理解了，它是运用水陆两用飞机改装而成的一种不受地形环境限制的反潜装备。总体来说，岸基反潜飞机多以沿岸机场作为基地，舰载反潜飞机通常以航空母舰作为基地，反潜水上飞机一般停泊在水面上。

1.反潜直升机的特点

反潜直升机对于潜艇的威胁主要是基于它的一大特长——搜索侦察。相比最初的只依靠眼睛和望远镜搜寻敌人，如今的反潜直升机均已配备了先进的吊放式声呐、反潜雷达、废气探测器、红外探测仪以及核心辐射探测器等。通过这些设备，反潜直升机能在短时间内搜索较大面积的海域，准确测定潜艇位置。再加之

➤ 反潜直升机

直升机灵活的机动性，让它的搜索效率远高于水面舰。而且舰载反潜直升机的旋翼和尾梁大多可折叠，便于在载舰机库内停放。

在攻击方面，可供反潜直升机装备的武器也有很多，如常规炸弹、航空反潜鱼雷、深水炸弹、空舰导弹等。

舰载反潜直升机起源于20世纪50年代，由于受技术条件的掣肘，严格意义上讲，当时的反潜直升机尚不具备应有的能力，机载设备除一点点的搜索单元外，没有攻潜武器，缺乏其他武器，这也充分说明，舰载反潜直升机的发展有个渐进成熟的过程。

当时针转到21世纪的今天，舰载反潜直升机才获得长足的进步，基本形成了多任务、多角度、多方位的出勤能力，它们不仅可以反舰、搜潜、攻潜，还能执行其他任务。如果把隐藏在大洋中的潜艇比作凶猛的"虎鲨"，那么，随舰出航的舰载反潜直升机就是灵活机动的"猎手"。

2. 当前较著名的反潜直升机

纵观当今全球舰载反潜直升机，因发展轨迹不同，其型号、功能、反潜样式也南辕北辙，大相径庭。因为数量繁多，下面仅选取其中比较有代表性的型号做一具体了解。

➢ SH-2"海妖"反潜直升机

（1）SH-2"海妖"。SH-2是美海军舰载直升机，该机由美国卡曼宇航公司生产，机身紧凑，能在舰艇上有限空间内自由调整。SH-2采用双发、单旋翼带尾桨式布局，机上装有监视雷达、磁异探测器、声呐浮标等设备，机身两侧可挂载1或2枚MK46或MK50轻型鱼雷。SH-2型号有多种，任务除了反潜、反舰亦可执行其他任务。澳大利亚和新西兰等国目前所采用的SH-2G"超海妖"便是从SH-2改型而来。

（2）SH-60B"海鹰"。这只"鹰"由美国西科斯基飞机公司在UH-60A"黑鹰"（S-70的军方编号）的基础上改进而成，其总体布局和UH-60A一样，都为双发、单旋翼带尾桨式布局，为满足海军要求做了一些改进并增加了执行海上反潜、反舰任务的相关设备。攻潜武器有2枚MK46鱼雷或MK50新型鱼雷。另外，它还可装备反舰导弹等武器执行其他任务。SH-60B不仅装备美国海军，而且被包括台湾在内的许多地区所引进。

（3）"山猫"。"山猫"是英国和法国联合研制的双发、单旋翼带尾桨布局的多用途直升机，1968年4月开始研制，主要装备英国海军、陆军和法国海军。"山猫"经过了多次改进，型号也在不断变化，目前最新的型号是"超山猫"300。多种型号还出口到其他国家。在执行反潜任务时，该机机身两侧的挂架上可装备MK44、MK46等型鱼雷或深水炸弹以及声呐浮标等。

（4）卡-27"蜗牛"。卡-27就是苏联卡莫夫设计局研制，被北约称为反潜型直升机的"蜗牛"A，它的出口型称为卡-28。卡-27是在卡-25基础上发展而来的，其外形尺寸在不超过后者的前提下，反潜能力超过后者2倍。卡-27采用独特的"卡"式共轴反转双旋翼布局，机载"章鱼"搜潜系统由磁异探测器、吊放声呐和安装在机头下的可360°扫描的搜索雷达组成，搜潜设备还包括无线电声呐浮标。其机身下部的武器舱可携带APR-等型鱼雷，另外还可装4枚PLAB-50-00型深水炸弹。

（5）AS565F"黑豹"。是在SA365N"海豚"基础上研制的海军型直升机。事实上，AS565F是"黑豹"系列最早的反舰反潜型，其机身结构、总体布局等系统与"海豚"基本相同，只是增大了涵道尾桨直径，为便于安装雷达等电子设备，其机头长度也有所增加。该机除机身两侧可悬挂两枚自动搜寻目标的轻型鱼雷外，还配装反潜型声呐浮标、磁异探测器等搜潜设备。

➤ SH-60B"海鹰"反潜机

3. 反潜直升机的不足

当然，任何装备都不可能完美无缺，任何武器也不是无敌的，所谓有利即有弊。反潜直升机也一样，它固然具有很多优点，但也有许多不可回避的缺点，主要包括：

第一，受平台航程、气象条件限制较大。一般来说，反潜直升机只有数百千米航程，而在远距离奔袭的情况下，到达战区展开搜寻的滞空时间过短，易出现死角。同时反潜直升机对气象条件的要求极高，在对气象条件的适应性方面，直升机反潜和潜艇实际上是不对等的。

第二，在许多战争条件下，必须在己方空优区域工作，否则易受到复杂电磁干扰。反潜直升机自卫能力差，如被敌方飞机或其他对空武力瞄准、跟踪，极易遭受打击。另外，母机和浮标采用无线电通信链路，如遇强电磁干扰可能导致浮标失去效能。

第三，单次控制区域不足，无法做到无缝探潜。声呐浮标探测距离有限，只有数千米，一枚浮标的可信控制区域不过十几平方千米，且浮标和母机通信距离有限，直升机不可能做到先把浮标平均洒在一片海域，然后坐收信号。

第四，远程探测能力受限，单一航空反潜平台的远程探测能力是有限的，其搭载的装备中作用距离最远的是海面搜索雷达，但其使用受到严重制约，只能探测水面航行或通气管航行的潜艇，在对抗核潜艇和AIP潜艇的情况下似乎力不从心。因此，航空反潜必须是在其他探潜或情报手段支持下才能发挥自己的作用。

第五，搜索静默坐底潜艇困难。潜艇静默坐底情况下被动浮标基本无效，主动浮标虽可以探测，但它的工作时间短，且由于航空声呐设备垂直孔径小，要分辨海底地形与静默坐底潜艇的区别难度较大。

以上直升机反潜的缺点值得重视，尤其是在非对称作战行动中，需将直升机反潜作为水面水下反潜力量的补充，快速打击或者采取其他反潜方式，以提高作战效能。

特种直升机

特种直升机，也称为多任务直升机，因其具有全天候及恶劣气候下作战的性能，可以进行反潜作战、载运武装人员穿越敌人防线、搜索搜救等，所以被定义为特种直升机。目前，全球海军符合这一特点的机型，唯有美国的MH-60R直升机。

1.发端于"战斗鹰"

MH-60R是美国海军在现有的SH-60R基础上进行改造，用于取代SH-60B和SH-60F的一种双引擎多任务机种，最开始的MH-60R被命名为"战斗鹰"，但是

➤ 美海军MH-60R特种直升机

最终被改为"海鹰"。

2006年5月22日，洛克希德·马丁公司从美海军获得一项价值7650万美元的第4批生产合同和一项与之平行的价值5100万美元的第5批产品先期采购合同，此合同议题在于确保使美国海军的MH-60R"海鹰"多用途直升机从低速初始生产阶段进入全速生产阶段。

MH-60R出色的设计，包括用于反潜的传感器组合（含声呐浮标）和新增的吊放式声呐。2014年3月，美国海军第七舰队就曾派出在泰国海湾执行任务的MH-60R从"平尧尼"号导弹驱逐舰上起飞，以上述装备参加和协助对马航失联客机MH-370的搜索工作。

2.基本性能

2007年，美海军驻加利福尼亚州北岛海航站第41直升机反潜中队接收了首批两架MH-60R型"海鹰"直升机，成为美海军第一个接收MH-60R直升机的中队。

应该说，10吨级的MH-60R还算是西方较先进的军用舰载直升机了，它适合执行从传统海战到海上安全行动的多种任务，在功能上也集合了美军SH-60B、SH-60F两款"海鹰"直升机的不少优点，除能执行侦察、反潜战、水面战、人员投送等任务外，还能遂行水上搜救、通信中继、后勤运输和垂直补给等多种任务。可以说，MH-60R属于"里里外外一把手"的全能海战直升机。

MH-60R配备2台动力强劲的发动机，它的内部空间宽敞，能搭载吊放声呐、雷达、电子战设备、反潜反舰武器等多种装备。其吨位一直被各国海军公认为是最适合上舰的航空平台。有资料显示，MH-60R的飞行高度可超过3千米，

➢ MH-60R转场

航程840千米，连续作业时间长达4小时，飞行速度一般达267千米/时。

　　MH-60R携带的武器有AGM-119"企鹅"反舰导弹、AGM-114"地狱火"反坦克导弹、MK46和MK50反潜鱼雷以及1挺7.62毫米口径的机枪。

　　洛克希德·马丁公司为MH-60R配备了雷达、声呐、航电系统、数字化座舱、红外探测转塔等设备。其"眼睛"APS-147多模雷达（MMR）可以自动发现并同时跟踪250多个目标，具有逆合成孔径雷达成像、声探测、潜望镜及小目标探测等能力，从而使MH-60R可以兼顾远程搜索和近距搜索。

　　MH-60R还装备了AN/AQS-22低频可调声呐、AAS-44前视红外雷达、电子战支援系统等。该机的导航系统装备了双冗余全球定位惯性导航系统、多普勒战术导航系统以及卫星通信系统。

　　不仅如此，美海军还跟L-3通信公司签订了一份价值2790万美元的合同，指示研制一款通用数据链，以便于军舰和MH-60R直升机间的宽带数据链接，并为今后水面舰艇同时操作MH-60R直升机与无人机提供便利。MH-60R目前仍在生产的是MK3版本，美国海军已列装160架MH-60R，部署到十多个舰载直升机中队。

➤ 美海军MH-60R特种直升机

弃儿：RAH-66 "科曼奇"

1989年的巴黎航展上，人们发现一架新的直升机身旁有一行这样的宣传语：你根本无法看到它，即使你看见了也打不到它，即使你打到了它，它还是照样飞行，就算你把它击落了，它的飞行员还活着……

很多人好奇，这是啥飞机，有这么神奇？

其实神奇谈不上，就是有点"科曼奇"，它的代号为RAH-66，是美国波音公司为美军研制的下一代攻击侦察直升机。

1. "科曼奇"的前期研究

全称为RAH-66 "科曼奇"的直升机自1983年立项并开始前期研究，五角大楼为"科曼奇"项目注入了高达300多亿美元的预算，意在替代当时陆军的OH-58D "基奥瓦"侦察直升机，并希望将它与"阿帕奇"一起，组成美陆军航空兵直升机未来的主力作战机种。

20世纪80年代初，美陆军提出实验轻型直升机计划（LHX）。1988年，发出招标书，并与西科斯基、波音、贝尔、麦道等多家公司签订了论证与验证合同。刚进入1990年，美国陆军便将计划代码LHX中表示试验性的字母X去掉，变成

➢ RAH-66"科曼奇"直升机

LH，1991年给出正式编号：RAH-66。编号中的R代表侦察，A代表攻击，H代表直升机，并用北美印第安人的名字"科曼奇"（Comanche）命名。三年后美陆军宣布西科斯基、波音获胜，实验轻型直升机计划随后进入原型机研制阶段。

原打算1995年8月对RAH-66"科曼奇"进行首飞，2001年交付，并将它搞成美陆军的主力机种，以完善空战、反坦克及武装侦察功能。

2.构造与操作

RAH-66"科曼奇"作为一款未来型直升机，美国军方和设计团队从它的外形、材料等方面着眼，独具匠心地提出了隐身设计的要求。

为配合上述目标，RAH-66"科曼奇"直升机采用先进的无轴承旋翼和8片桨叶涵道尾桨布局，这种安排不仅给驾驶员的操控带来便捷，而且确保了机体能在3—4.5秒的时间内，以前飞速度作90°和180°的急速转弯（这类动作绝非一般直升机可以完成）。这样就为飞行员在空战条件下，根据战场态势机动灵活，抓住战机，一招制敌创造了条件。

"科曼奇"的尾桨桨叶全都设计为涵道内转动，这种设计有诸多好处，一是安全，避免了叶片击中地勤人员；二是不易触碰电线、树枝等物体，因此有了"树梢轻骑"的雅号；三是高置的水平安定面可向下折叠，方便大型物体的装载、运输。

RAH-66"科曼奇"机头罩是铰接的，可向左打开，便于接近传感器和弹药

➤ "科曼奇"双机飞行

舱进行工作。该机一半以上的蒙皮可自由打开，维护保养十分便捷。它的武器舱门打开后可用作维护平台。机体结构能承受3.5G的过载，除了可抵御7.62—12.7毫米枪弹的射击，还能防止23毫米口径炮弹的打击。

"科曼奇"的起落架采用后三点式收放吸能结构。每个起落架上只装配一个机轮。主起落架可"屈膝"下蹲，以降低直升机高度，便于用运输机空运。

RAH-66能承受以11.6米／秒的下沉速度做摔机着陆，飞行员不会受伤。该机装在机体曲肩部的两台T800涡轮轴发动机，单台功率为895千瓦，并由数字控制。它的油箱燃油容量为1020升。燃油系统同样采用耐坠毁装置，且有惰性气体发生系统，能有效阻断直升机坠毁后的燃油事故。

"科曼奇"的驾驶舱与其他武装直升机不同，它采用驾驶员在前、射击员在后的串列阶梯式构造，这样能最大限度地保证驾驶员视野的开阔和对战场地形的把控。事实上，前后驾驶座都能进行一切操纵。两个驾驶舱有相同的液晶平面显示器，不仅简化了操纵开关，而且所有战术动作都有编程，绝大多数战术动作只需按一下按钮即可。驾驶舱采用了双过滤超压系统，兼具防化学、生物及原子武器攻击的能力，机组人员可在不穿防护外衣的情况下参战。

3.武器及航电

RAH-66"科曼奇"的短翼可以以不同的组合方式携带864千克武器载荷。

➢ RAH-66 "科曼奇"

➢ 飞行中的RAH-66 "科曼奇"

短翼若挂外部油箱，则可飞行2360千米，可横越大西洋。短翼能挂带32枚70毫米"九头蛇"火箭，或者8枚"海尔法"导弹，或类似导弹。RAH-66的内外挂架总共能携带14枚"海尔法"导弹或类似导弹。旋转炮塔安装有20毫米口径的双管机炮，对付空中目标时其射速为每分钟1500发，对付地面目标时为每分钟750发。

1996年，当第一架"科曼奇"原型机问世后，制造商波音和西科斯基公司非常看好该机型的未来。他们甚至相信，RAH-66"科曼奇"的隐身设计和全信息化作战效能，不仅会成为美陆军航空兵现代化计划中的"中流砥柱"，还将成为美军实现快速反应部署和灵活打击的"利剑与尖刀"。

4.生产计划被取消

然而，在耗时20多年并狂砸近百亿美元后的2004年2月，美国陆军突然宣布，取消"科曼奇"的生产计划。这个决定，既让波音和西科斯基两家制造商的赚钱美梦瞬间破灭，也表明美军历史上最大的单品武备项目彻底"吹灯拔蜡"。

那么，好端端的RAH-66"科曼奇"为啥落到这步田地？难道真的是美国人财大气粗铺张习惯使然，抑或是这种机型根本就是名不副实？也对也不对，事实

➤ 飞越丛林的RAH-66"科曼奇"

上，"科曼奇"的下马有着更深层次的原因：

第一，苏联解体和东欧剧变。"科曼奇"作为一款超前意识较强的直升机，它的设计制造初衷，就是用来对付当时的"华沙条约"组织成员特别是苏联先进装甲集群目标的，现在对手"自毁长城，树倒猢狲散"，"靶子"都没有了，还生产它也就失去了意义。

第二，美国人是有钱，但也扛不住"科曼奇"的烧钱，如果一次性烧那么一点点也就算了，谁知一个单品武器从立项到研制，费了九牛二虎之力，最后却仅仅搞出了两架原型机。搞出原型机也就罢了，关键是许多高大上的技术指标全都造假。还有，造假也就罢了，早先确定的1200万美元单机采购价如今硬是被捣鼓到了近6000万美元。这可把美国军方吓得不轻，整个军方都像霜打的茄子：不搞了，不搞了，这么折腾下去，就是金山银山也要被掏空。

第三，冷战完事后，美国成了世界独霸，原来的东西阵营基本不存在了，美国感觉到当下唯一的威胁来自恐怖主义，但用"科曼奇"与这类对手较量，完全是高射炮打蚊子，原来的所谓大规模作战方式对恐怖分子根本起不到半点作用。此外，随着无人机技术优势的逐步显现，加上当时迷信战场"零伤亡"的国防部长拉姆斯菲尔德的推波助澜，无形中让"科曼奇"瞬间失宠，没了用武之地。

就这样，"怀胎"近二十年的RAH-66"科曼奇"，从惊喜"受孕"到难产再到胎死腹中，几番捆饬，终究没能逃脱弃儿的命运，成为美军心中一道抹不去的伤疤。

总统"御驾"：陆战队一号

提起美国总统的专机，首先映入大众眼帘的便是"空军一号"，因为无论是总统出国访问、参观，还是出席会议、主持谈判等，"空军一号"都是他跋涉千里的座驾。然而，很多时候，美国总统在登上"空军一号"之前，都需要另一种运输工具"摆渡"，这就是"陆战队一号"直升机。

1.容易混淆的两个"一号"

可以说，"陆战队一号"与"空军一号"都是总统专机，它们的区别就在于："空军一号"担负远程航行任务，而短途旅行时，则由"陆战队一号"担当。比如美国前总统特朗普从白宫前往海湖庄园，或前往位于北卡罗来纳州的布雷格堡军事基地时，往往就会乘坐"陆战队一号"。

➤ 美海军"陆战队一号"

"陆战队一号"的全称准确地讲应叫"海军陆战队一号",它绝不是一架直升机的代号,而是总统的专机无线电呼号。亦即总统坐在某辆隶属于陆军的专车里时,该车的无线电呼号就是"陆军一号";总统坐在某架隶属于海军陆战队的直升机上,这架直升机就叫"陆战队一号"。

2. "陆战队一号"的来历

当然,说起"陆战队一号"的来历,还得把时间拉回到1957年9月。当时正在罗得岛纽波特家中度假的总统艾森豪威尔忽然接到白宫通知,有要事急需总统拍板。

如果按正常路径,他必须从罗得岛上船乘坐一小时轮渡,跨过纳拉甘西特海湾到达最近的机场后,再登上守候在那里的"空军一号",然后飞行近50分钟抵达位于马里兰州的安德森空军基地,最后再直达白宫。这样的线路最快也要两个多小时。就在艾森豪威尔心急火燎之时,正在他身旁忙活的一位随从突发奇想地提示:岛上不是有一架应急的直升机吗?我们可不可以……还没等对方说完,当过兵的艾森豪威尔如梦方醒:是啊,你小子真聪明,照他们那样倒腾,黄花菜都凉了。就么办!于是,一行人前呼后拥地上了直升机。结果不到十分钟,艾森豪威尔一行即转乘上"空军一号"。

有了这份"急速"体验,艾森豪威尔立马通知白宫办公室:好好研究一下,以后看能不能别折腾了，所有的短途转运都上直升机。

得知总统要改变出行程序，陆军觉得，这也太吓人了，万一直升机掉下来咋办？但长期风里水里摸爬滚打的海军却有不同意见。他们认为，照你陆军这么说总统干脆就成天待在你们军营算了，哪有那么多的坠机事件？再说，现在科技这么发达，直升机只要稳着点开，完全可以说万无一失，真是一群怕死鬼。

就这样，经过总统授权，由特勤处定案：就选直升机了！不过，考虑到陆军也是忠心耿耿，最后还是决定先用陆军直升机。1976年，在海军陆战队第一直升机中队受领任务后，陆军直升机队才彻底退出历史舞台。

目前，"夜鹰"中队现在的主力机型有两种，一种是VH-60"白鹰"，另一种是VH-3D"海王"，这两种机型都出自西科斯基公司。VH-60"白鹰"是由UH-60"黑鹰"直升机改装过来的，内部空间比VH-3D"海王"要小不少，所以长距离飞行或是随员较多时，总统都会选择"海王"。而VH-3D则是由著名的"海王"舰载直升机改装过来的，机身长约22.2米，高约5.1米，内部面积近19平方米，机内设施非常豪华，可以同时搭载14人。与普通直升机不同，VH-3D内部噪声非常小，总统可以随时在不受任何影响的前提下，于机上与其执政团队开会、布置工作。

按照惯例，总统在上下"陆战队一号"时，都应向担任保卫任务并站立在机舱口的海军陆战队员还礼，否则就是失礼，奥巴马曾经因为还礼过于随便而遭到媒体的指责。

3. "陆战队一号"长相

作为美国总统的专机，"陆战队一号"在涂装方面自然别具特色。机身全部为军绿色，只有顶部为白色。这样让"陆战队一号"更加容易分辨，很多美国人都会说这是"白顶（whitetops）"直升机。

HMX-1因为要执行总统专机任务，因此对直升机状态的检查非常严格，很多配件只使用到寿命的一半即进行更换，以最大限度保证飞行安全。在历史上，"陆战队一号"只发生了一次小故障，让总统临时换乘了备用机。

4. 执行任务时的配备

一般来说，每次任务HMX-1都会派出两架或三架直升机，使外界无法分辨总统在哪架直升机上，也可以有一架随时候命的备用机。

"陆战队一号"的驾驶及维护由海军陆战队直升机第一飞行队负责，这个飞行队又称"夜鹰"飞行队。不少中文传媒在提到海军陆战队直升机第一飞行队的时候，往往将其称为"海军陆战队直升机第一中队"，但负责总统专机的"第一中队"不仅直属海军陆战队总部领导，而且机构庞大，有自己独立的管理、运营、行政、计划、通信、财政部门，甚至有自己的物流系统，人员超过700人，绝非一般"中队"可比。

"夜鹰"飞行队成立于1947年12月，以弗吉尼亚州的匡蒂科海军陆战队基地为大本营，成立之初，

➤ "陆战队一号"

主要任务是对各种军用直升机的试飞及性能进行测试评估，因此"夜鹰"飞行队的飞行员个个经验老到、身经百战。就像前面所述，1957年艾森豪威尔总统外出度假时，因故亟须返回白宫，如果坐车再搭乘"空军一号"的话，费时需两个小时，因此临时由"夜鹰"飞行队派直升机将艾森豪威尔送去机场搭乘"空军一号"，路上只花费了七分钟。此后，"夜鹰"飞行队便担负起接送总统、副总统及政府高层官员的短途飞行任务，"陆战队一号"由此诞生。

1957—1976年间，除了"陆战队一号"负责用直升机接送总统外，陆军的直升机"陆军一号"也分担过接送任务。

海军陆战队负责接送总统时，往往会有四五架直升机一起飞行，这样做的目的主要是出于安全考虑，其中总统乘坐的便为"陆战队一号"。这些直升机均装备有反导系统，可以防备地面的导弹袭击。

根据标准作业程序，美国总统乘坐"空军一号"外出时，必须有"陆战队一号"同行，一般的做法是先通过大型军用运输机将"陆战队一号"及机组人员运往目的地，在当地24小时待命，如有特别需要，随时可供总统使用。

曾有记者问奥巴马，回忆他当总统的日子里最想念什么。他的回答是：总统专属座驾"陆战队一号"。"这架直升机飞行非常流畅，令人印象非常深刻，"奥巴马在2009年第一次乘坐海军"陆战队一号"后对记者们说，"你可以飞过华盛顿纪念碑，绕过国会大厦，那真的让人叹为观止。"

5. 其他机型

HMX-1最新列装的机型就是MV-22"鱼鹰"倾转旋翼机，速度更快，飞行距离更远。涂装与其他直升机类似，因为总统很少乘坐该机，所以顶部的涂装与

直升机一样，顶部跟机身一样颜色的"绿顶"。

MV-22结构复杂，故障率较高，一般并不执行总统专机任务，只运送政府高级官员。但特朗普在"福特"号航母发表演讲时乘坐的就是MV-22。那次任务出动了三架"鱼鹰"，气场十足。

除了总统坐过的三种机型，HMX-1还装备了CH-46"海骑士"直升机，这种串联双旋翼直升机比较老旧。没有"白顶"涂装，说明总统是不会坐的，但一般官员也不会上去。

另外还有CH-53E"超级种马"重型直升机，它的涂装与CH-46一样，只用来运送普通职员和货物。

自组队至今，"夜鹰"中队累计飞行时长近30万小时。尽管具备最高级别的技术整合，但"陆战队一号"的事故依然不少。如20世纪60年代初期，两架所属直升机因"机械"故障直接退役；1991年，又有一架VH-3D型"陆战队一号"发生A级事故；1993年，一架VH-60因事故报废；1996年，一架CH-46E也出现A级事故。也许是运气，上面所说的这些事故发生时，美国总统全都未在机上，也算他们命大。

➤ "海军陆战队一号"